Google AdSense

完全活用教本

選題╳策略╳穩定獲利打造權威網站

Nonkura（早川修）、a-ki、石田健介、染谷昌利／著

陳幼雯／譯

前言

　　我想你會拿起這本書是為了「用Google AdSense獲得穩定的收益」、「想建立權威網站」。

　　我是本書的作者之一Nonkura（早川修），我之所以寫這本有關AdSense的書是起因於本書作者群舉辦的「十年後依然能存活的AdSense策略」課程。

　　這個課程屬於邀請制的小班教學，主題有三：「權威網站的架設」、「提升AdSense收益的策略」和「讓收益穩定的AdSense策略」。

　　也因為大家的支持，課程結束後「架設權威網站」、「這是如蘭徹斯特法則般的弱者戰略」、「分類頁很重要」等我們課堂中提到的內容漸漸傳了開來，不過課程有時間的限制，沒辦法把所有的招數傾囊相授一直讓我很掛心。

　　後來我又參加了其他各式各樣的課程，卻發現課堂上只講了很表面的內容，我擔心「這樣對真心想穩定獲利的用戶是不是不太好」，一直覺得很焦急。於是除了我們在課程中說到的招數，我們也毅然決然把更深入的東西寫進書裡了。雖然把底牌統統攤出來等於是洩漏了商業機密，不過如果最終網路上會因此出現好的作品（網站）也是好事一樁。

　　這次的課程之後有一場為期半年的工作坊，教學員從零開始架設AdSense網站，這個工作坊也有許多學員參加，大獲好評。工作坊每次授課90分鐘，總共六堂，在六堂課的指導與協助之下，進入尾聲時學員已經接二連三完成了精彩的AdSense網站（書中也會舉出幾個學員實際架設的網站當例子）。

　　我們希望傳達給各位的是：穩紮穩打學會的網站架設法可以受用十年之久。

過去出版的Google AdSense書籍大多主要是在教人怎麼增加收益，以「賺錢招數」為重點，這本書的核心卻是「架設『權威網站』讓Google AdSense收益穩定的技術」。所謂的權威網站就是「不是第一，但是具有獨一無二的內容」、「讓人『講到○○就會想到這個網站』」。

本書沒有「一入門就立刻賺百萬！」這種夢幻的絕技，我們想傳達的是長長久久被使用的網站才能學會的「獲利的王道」。讀這本書讓你可以真的學會這樣的概念，相信在你讀完之後就能通曉如何透過Google AdSense腳踏實地累積收益的網站經營法。

本書的主題就是「獲利的教科書」，書中會從「穩定獲利」這個觀點解釋Google AdSense各式各樣的潛在能力。

我負責的是Chapter_1～Chapter_3，我會在這三章中介紹「讓收益穩定成長的思維與選題方法」、「AdSense網站的SEO策略」和「讓點閱數穩定的網站架設法」。我會說明近日在瞬息萬變的網路商場生態中到底發生了什麼事、未來走向如何，具體來說我們又應該怎麼思考、怎麼採取行動。

石田健介先生負責Chapter_4，他曾經是Google AdSense團隊的一員，所以可以在「穩定獲利」的網站這個主題中為大家深入解說AdSense的市場動向、最新商品的情況、嵌入方法甚至到效果檢核。

a-ki則會在Chapter_5中將本書的核心精神「權威網站」的架構技術傾囊相授，這一章的內容滿滿都是經營穩定獲利的網站所需的知識和心法。

最後的Chapter_6是講如何保持平常心，再次由我來解說；我會建議各位一些核心概念和遭遇挫折時的解決方法，讓各位能穩定在AdSense獲利。

染谷昌利先生是網路行銷與收益化、聯盟行銷等的網路廣告專家，他以專家觀點決定本書整體的結構並進行審訂。

本書集結了「Google AdSense穩定獲利」的具體技術，但願能對讀者們有所幫助。

2018年11月吉日

Nonkura（早川修）

前言

Chapter_1

點閱數
長期不間斷的
「主題」選擇法

讓點閱數穩定的「SEO策略」

Chapter_3

用戶和搜尋引擎都愛的「網站建立法」

穩定獲益的「AdSense」運用法

Chapter_5

邁向「權威網站」，累積信任與權威

穩賺十年的心法

內文設計　浅井寛子

點閱數
長期不間斷的
「主題」選擇法

想在AdSense「穩定獲利」
就要知道「怎麼選主題」，
如果只介紹時下流行的主題，
風潮一過，點閱數就會瞬間下滑。
知道AdSense「適合」或「不適合」什麼主題之後，
就可以經營不隨波逐流、長久獲利的網站。

Google AdSense 沒辦法賺大錢嗎？

你會不會覺得「用Google AdSense無法得到與勞力等價的收益」、「需要煞費苦心才能賺大錢」？認為AdSense賺不了什麼錢的最大理由，應該是「要賺錢就要吸引大量的點閱數，要有大量的點閱數就要寫大量的文章」這種先入為主的想法，難道AdSense真的賺不了大錢嗎？

點閱率少也能賺的聯盟行銷有比較好嗎？

Google AdSense不同於聯盟行銷（績效式廣告），AdSense只要有點擊就會有收益，因此獲得第一筆收入的門檻較低，較適合新手，這也是它的優點；相對地也有很多人覺得『必須吸引大量點閱數才能賺大錢』這個缺點是AdSense的一大難關。

假設要以AdSense每月賺30萬元以上，在單次點擊出價（CPC）30元、點擊率（CTR）1%的情況下，每個月就必須有超過100萬的瀏覽量（PV）。

而且AdSense廣告被點擊一次也只有10～50元左右的收益，與每一件幾千～幾萬的聯盟行銷相比，單價高低一目瞭然。與少量點閱數就能賺進收益的聯盟行銷相比之下，很多人自然會對事倍功半的AdSense敬而遠之。

Chapter_1

Chapter_2

Chapter_3

Chapter_4

Chapter_5

Chapter_6

文章不必量產也不必更新

從收益高低這個層面來看，能夠短時間賺到錢的聯盟行銷確實比較吸引人，不過聯盟行銷的最大弱點就是必須反覆更新；而且廣告商退出、商品消失的情況也所在多有，若閒置網站內容不管，資訊就會過時，進而失去用戶的信賴。特別是資訊的鮮度與正確度，要是維持不下去立刻就會被對手超前，因此必須一直重寫（修改文章）。

我開始經營網站的前幾年主要是採用績效型的聯盟行銷，我量產專為商品而寫的使用感想等文章，也獲得了收益。因為聯盟行銷即便是新手也能立刻上手，而且容易得到成果。

但是聯盟行銷有「商品時效」與「廣告商退出」的問題，我每次都要重寫文章，更換商品，一直反覆更新，對怕麻煩的我來說實在是痛苦至極。

主要採用聯盟行銷的人可能會覺得「Google AdSense單價低，事倍功半，回不了本」，可是如果不需要量產文章或更新，而且還有長年穩定獲利的技術的話，情況是不是截然不同了呢？

CHECK!

1. 放下無法賺大錢的先入為主觀念
2. 只要用對方法，AdSense也可以賺大錢
3. 以零更新的網站為目標

02 「穩定」收益比「提升」收益還要更難

你應該看過有些人經營部落格，不過半年就在社群媒體等地方發文說「賺到100萬了！」吧？一無所知的人看了就會誤以為「聯盟行銷是不是很簡單」，但是其實這個業界的成功者只有全體的幾%而已，這是難度很高的行銷方式。

聯盟行銷很難穩定獲利

請見圖1-1，根據日本的聯盟行銷協會（http://affiliate-marketing.jp/）進行的問卷調查，關於2018年度的聯盟行銷月收入，在全部答題的2450人中，「零收入」占23.3%，「不滿1000日圓」占14.5%，「月收100萬日圓以上」占9.9%。

從這個數據發現的不是「聯盟行銷很難獲利」，回顧以前的問卷會發現，前一年度收入高於2018年的只有36.8%；而2008年賺100萬日圓以上的明明有12.5%，到了2018年卻下滑至9.9%。這顯示的是穩定獲利的難度有多高。

▌圖1-1／聯盟行銷的月收入（2008年與2018年）

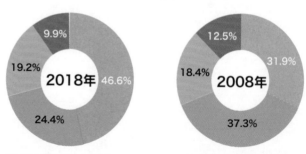

■5000日圓以下　■10萬日圓以下　■100萬日圓以下　■100萬日圓以上

※出處：聯盟行銷協會

用心架設「優質」的網站

聯盟行銷的商業模式會受到「廣告商退出」、「聯盟行銷服務終止」、「Google搜尋演算法的改變」等不可抗力因素的巨大影響，所以我認為這是很不穩定，連一年後的情況都難以預料的做法。

可能就會有人以為「所以靠聯盟行銷會生活不下去嗎？」其實完全不會。

我在聯盟行銷做出一番成績之前也是經歷幾番波折，曾經受過變動的波及，導致點閱數、營業額歸零。會變成這樣的最大理由是因為我利欲薰心，忘了商業的大原則是「**提供好東西或服務給其他人才能獲得利益**」。

我從事聯盟行銷已經超過十年了，一路上我看到許多聯盟行銷商從業界淡出，發現他們有一個共同點。

他們都沒有「穩定經營能夠獲益的網站」。這句話的重點並非「收益」而是「穩定經營」，講起來雖然很理所當然，但是「讓網站穩定」卻是意外高難度的一件事。

我們經營網站應該設定目標為「**如自動販賣機一般放著不管也能自動賺錢**」，「即便完全閒置，點閱數也不會下滑」。沒有什麼密技或捷徑可以讓你獲得穩定的收益，總而言之，重點就在於你能把這個永遠為人所用的「優質」網站設計得多細緻用心。

然而很多人卻採取那種只要一不更新，點閱數和收益都會下滑的方法。你必須懂得一些法門，才知道要怎麼讓網站在不更新的情況下「點閱數依然穩定」。

點閱數穩定連帶會讓收益也穩定，就能得到應得的自由時間。你應該也不想一直過那種老鼠跑滾輪般，每天不斷更新文章的日子吧？

Chapter_1
Chapter_2
Chapter_3
Chapter_4
Chapter_5
Chapter_6

CHECK!

1. 很少人能以聯盟行銷穩定獲利

2. 「穩定」這件事很難

3. 只要用對方法，網站在不更新的情況下點閱數依然能夠穩定

「以量取勝」的思維
賺不了大錢

可能有人以為AdSense就是「只要寫很多篇文章再把廣告貼上去就可以賺不少了」，但是我從沒見過哪個網站光靠不斷量產的方式，就能讓營收成長超過十年。光憑量產文章、到處貼廣告確實也可以用AdSense賺到錢，可是這種方式月收幾十萬日圓就是極限了，要達到月收百萬應該很困難，所以應該要怎麼做呢？

這是個「品質」受到檢驗的時代，個人也能贏過大企業

現在已經漸漸轉變成網站「品質」會受到檢驗的時代，「反正只要有一定數量就好辦」的做法不如以往行得通了。

這幾年要在搜尋中得到高排名更為困難的一個原因，就是部落客和聯盟行銷商突然暴增。我自己在從事這個工作的時候，也常常會覺得在網站內容（content）花費的勞力和時間比以前多。

也許有人一聽到「無法以量取勝」就會覺得以後要用AdSense賺錢會難上加難，不過這端看你怎麼想，其實對個人或小公司而言，**質重於量的時代正是絕佳好時機**。

過去的時代是量重於質，大企業擁有絕對的優勢，因為大企業的資源雄厚，以個人或小公司的資源來比絕對沒有勝算。

但是如今已經來到了追求品質的時代，能夠以內容品質取勝就代表個人或小公司只要肯下工夫，絕對也能站上擂台。

大企業通常都徹底組織化了，難以單憑個人判斷採取什麼行動，也很難快速進行重寫的工作。

相較之下，個人或小公司可以自行做判斷，也能以大公司望塵莫及的速度採取行動。因此找出大公司無法採用的方法，並且高效率完成應該是**個人或小公司與大公司抗衡的策略之一**。

從「聯盟行銷思維」切換成「AdSense思維」

就算時代改變，只要擬定好獲益策略認真執行，**用AdSense每月賺超過百萬日圓收益也絕對是有可能的**。

「AdSense就是只要寫很多篇文章把廣告貼上去就可以賺了」這種思維並不正確，但也不算錯。採用聯盟行銷的情況下，必須讓用戶在點擊廣告之後採取某些行動（購買、申請資料、洽詢等），但是採用AdSense只需要有人點擊廣告就會有績效，這一點非常不一樣。以成效來比，用AdSense獲得收入的難度確實比較低，不過AdSense和聯盟行銷一樣，只要用了不同策略收益就會截然不同。

我看到很多沒賺錢的AdSense網站，都會覺得他們文章寫得很隨便，廣告也是未經思考隨便排放。可能他們就是輕易認定只要寫很多篇文章就會有點閱數，收益也會提升，就能用AdSense賺大錢了吧。

認為AdSense「只要量產文章就好」的思維是一種絆腳石，AdSense和績效型的聯盟行銷一樣，有策略才能夠有穩定的大筆收益，得到成效所需要的時間也會差很多。

用聯盟行銷的重點是要做出轉換（申請）率更高的網頁，而AdSense的重點則是在製作所有網頁時都不能脫離「穩定」這個關鍵字。專用AdSense網站的選題、內容製作法、核心理念與專用聯盟行銷的網站有天壤之別，因此必須切換成「AdSense思維」。

CHECK!

1. 以量取勝的時代已經結束了
2. 用弱者的戰略就能贏過強者
3. 切換成AdSense思維

Chapter_1

Chapter_2

Chapter_3

Chapter_4

Chapter_5

Chapter_6

點閱數的九成取決於「主題」

要是選了流行的主題寫成文章,當流行退燒後點閱數也會歸零,所以架設不斷成長的網站,重點是要選擇能夠累積成果的主題。

讓收益持續成長的選題重點

如果選錯了AdSense網站主題,點閱數就可能會不穩定,收益也會停滯不前,這是因為你選到了無法累積點閱數的主題,導致不一直寫新的文章就維持不住點閱數,陷入所謂的負債經營。

收益無法「超過一定上限」、無法「穩定」就是因為這種主題要是用戶沒有興趣了就不會再讀,也就是說這些主題都有時效性。這類只能短暫吸引點閱數的文章一多,點閱數確實也會增加,但是無法長期累積收益。

需要修改或重寫的主題也不適合用AdSense,你一定會在某個時間點發現已經沒有時間可以修改了;因為文章越多,就要花越多時間修改或管理,讓你無法騰出時間寫新的文章。

想要存活到十年以後,就要選擇在間置不理的情況下依然吸引穩定點閱數的主題。也因此點閱數是否穩定其實在選題的階段就已經確定九成了,要賺大錢就要選擇不需要修改、可以累積點閱數的主題。

在選擇文章主題的時候不能全憑直覺,必須花些時間審慎決定。接下來會介紹幾個選題的重點。

① 沒有時效性的主題

用AdSense賺大錢的重點在於該如何吸引大量的點閱數，可是很多人會誤以為「我必須製作出能夠被瀏覽幾萬次的熱門內容」。

稍微冷靜想想看，有人能夠信手拈來很多個吸引大量點閱數的熱門內容嗎？點閱數多的主題（關鍵字）也會有很多對手覬覦，現在這個時代想在搜尋引擎中一直保持高排名談何容易？若是能善用社群媒體或許可以吸引到大量的點閱數，不過這也只不過是曇花一現而已。

我的網站中也有每個月點閱達到數萬至數十萬次的熱門內容，但是可能有人會很意外，**我熱門內容的點閱數只占總點閱數的幾%而已**，大部分的點閱數都是來自每月只有數百、數千點閱的內容，平日點閱數的基礎並不只是建立在熱門內容之上。

即使每篇文章的點閱數少，依然可以架設出每月點閱數超過百萬的網站，重點在於要選擇沒有時效性的消息、不會變成舊聞的主題，讓點閱數可以積沙成塔。

順帶一提，**所謂沒有時效性的主題講極端一點就是「古往今來始終如一」的東西**，這也是用Google AdSense穩定獲利的理想主題。

採用沒有時效性的主題架設的網站會是什麼模樣呢？以下就來介紹其中一個例子。

這個網站專門介紹鎌倉的神社佛寺，這種神社佛寺類的主題可以存活超過十年，很適合使用AdSense，其他像是古城、湖泊都是很適合累積成果的主題。

時下流行的店家（咖啡廳、餐廳等）、新發售的電子產品（如：iPhone或Android手機）、知名遊戲的攻略法等都是世人相當感興趣的主題，很容易吸引點閱數，內容也很好寫，但是無法累積點閱數，因此不建議AdSense網站採用這種主題。

▌圖1-2／能夠存活十年的主題

※參考網站：鎌倉寺社めぐり（https://kamakurameguri.com）

　　如果一個主題隨便什麼人都能振筆疾書，就代表對手（同業者）會有很多，勢必會成為激戰區；而且誰都做得出來的內容就代表可以輕易模仿，因此選用他人無法立刻模仿的內容來取勝也是存活超過十年的一大重點。

　　我剛開始經營網站選主題的時候，沒有深入考慮到我必須修改文章這件事，結果讓自己非常辛苦。

　　我一開始架設的AdSense網站是在介紹當地店家與設施，以出遊資訊為主題，當時的競爭網站很少，架設兩年左右就有每月超過百萬的瀏覽量，成為非常受歡迎的網站。我以為我只要換個地區橫向發展新的網站就萬事大吉了……結果卻不然。

　　我橫向經營了三個網站，第一個網站的資訊已經舊了，我忙著要檢查內容（找錯）、修改文章，根本抽不出時間寫新的文章。而且個人經營的店家與設施很多會倒閉或不再開放，店家除了倒閉之外，還常常會改變營業時間、重新裝潢、更改菜單或價錢，必須要一直重寫內容。

Chapter_1

Chapter_2

Chapter_3

Chapter_4

Chapter_5

Chapter_6

電子產品每隔半年就會有新商品發售，產品資訊會立刻變成舊聞，而遊戲消息這方面，要是硬體停止發售，舊消息本身就可以功成身退了。雖然還有一些骨灰級玩家會繼續玩老遊戲，但是通常點閱數就會比全盛期更少了。

要是採用這種有時效性的主題，即便在搜尋中得到高排名、吸引大量點閱數，但是很顯然只要流行一退，點閱數也會跟著一口氣下滑。這樣就會變成要一直寫下去才能維持點閱數，連帶收益也無法穩定下來。

有時效性的主題最大的缺點，就是沒有好好修正舊資訊就會失去用戶的信賴。千萬不要把眼前的利益與一時的點閱數當作選題的判斷標準，要是忽視用戶、一味追求數字，在不順利的時候會很心急如焚，結果就優先寫一些只賺得了一時的文章，落入惡性循環。焦急是讓人迷失方向的頭號敵人，建議不要追求表面的數字，永遠要選擇穩定的方法。

沒有刻意操作的網站通常會需要時間才能看到結果，重要的不是在結果出來之前的「速度與量」，而是即便花比較多時間，也要製作出能夠「積少成多的內容」。你的目標應該是**十年後依然穩定的網站，而不是一年後就會消失的立即性成果。**

我常常聽別人講說要增加網站的點閱數可以「多寫新文章」、「一天新增五篇」或者「先寫一百篇再說」。過去只要能產出一定數量的文章就會有成效，但是現在已經是講究文章品質的時代了，我們很容易想像用以前的方法已經賺不了錢了。

雖然經營網站超過十年了，我所有網站的總網頁數也只有1500左右，每年平均的文章數大約是100篇以下。如果這樣的量也能做出一定的成績，代表成果還是取決於心態與努力的方向吧。

②時事類不適合AdSense

時事類網站是在文章中介紹流行資訊的網站，他們的策略是搶先寫好文章，在短期內吸引大量點閱數。這種文章容易吸引點閱數，收益化也迅速，不過話題的熱潮一退就會突然冷卻下來，因此這類主題不適合AdSense。

舉例來說，你有沒有看過藝人的相關類似文章在搜尋結果中列了數十頁呢？這些文章的來源都相同，寫出來的內容都大同小異，我們需要那麼多只是重寫八卦雜誌、千篇一律的內容嗎？

時事類部落客人數已經飽和，要是不能搶先別人寫好流行話題就擠不進前幾名。**會過時或者像傳單一樣的文章不管數量再多都是曇花一現**，因此穩定化的重點就是要增加會讓人再三重讀的文章。順帶一提，我個人將只會讀一次的文章稱為「傳單文」。

建議多累積一些長期下來每天都有人讀的一百瀏覽量，捨棄轉瞬即逝的一萬瀏覽量。

③不隨時代改變的主題

如果採用「不隨時代改變的主題」，就不再需要修改或重寫了，這種主題也很適合AdSense。雖然不會「貶值」的主題只能吸引少量的點閱數，但是一定更容易累積點閱數，所以應該積極地寫這類型的內容。

比如說我們要寫「抓蛤蜊的方法與大量採獲的訣竅」，而不要寫「介紹千葉縣可以採抓很多蛤蜊的採蛤場」。抓蛤蜊的價錢或海邊商家的菜單、價格、入場區域範圍只要過個幾年就會截然不同，但是抓蛤蜊的方法與訣竅無論十年前、現在、十年後都一樣。

④食衣住行和民生所需的主題

食衣住行和民生相關的主題很適合AdSense，特別是民生所需這個部分，無論景氣好壞，要活下去都不能少了這些，因此點閱數通常很穩定（民生所需指的是「水電」、「瓦斯」、「交通」、「電信」等生活必需的基礎建設）。

不過，即便是食衣住行和民生所需，**有些主題的點閱數還是會受景氣影響有起有落**，需要特別注意。譬如說在景氣差的時候奢侈品的點閱數也會減少，景氣好時就會增加，如果選了會受景氣影響的主題，可以再用情況相反的主題建一個其他網站，無論風怎麼吹都能互補，也會比較穩定。舉例來說，如果建了投資、儲蓄的網站，可以配套再建一個社會福利、節約的網站。

選擇不容易受季節影響的主題也是讓點閱數穩定的重點，譬如說比起單板、雙板滑雪或海水浴，婚喪喜慶、育兒煩惱是全年不限四季的主題，點閱數也比較穩定。

另外建議最好也避免選遊戲攻略或時刻表這種在某個行為過程中去查的主題，雖然能吸引點閱數，但是他們一查完就會立刻回到原本的動作去，不會點擊廣告。

想要讓收益最大化，建議鎖定那種有時間慢慢查東西的用戶。

⑤用戶人數多的主題

採用一千人有興趣的主題時，無論是吸引點閱的方式或是得到成果所需要的勞力，都與採用一百人有興趣的主題不盡相同。

選AdSense要用的主題時，最好選許多用戶感興趣的主題，畢竟AdSense吸引越多點閱數，收益也會成正比增加，想當然**用戶少的主題很難賺大錢**。

有人一聽到人數就會想要用相關工具找出每月搜尋數多的關鍵字，可是全世界的聯盟行銷商和部落客何其多，用與其他人相同的方法，在搜尋中得到高排名的可能性有多少呢？

本書在之後「市場調查要做足」的段落中也會再詳細說明，不過

我們可以想見採用那些網路上氾濫的（對手眾多）主題與別人一較高下會有多困難。

　　在關鍵字和文章內容都相似的情況下，採取與對手用相同方法競爭實在沒有什麼效率。就算真的得到了前幾名，對方又會研究你的內容加強SEO，可以想見的是你的排名終究會被超前。

▌圖1-3／什麼是適合AdSense的主題？

不穩定的主題	穩定的主題
●電影試片會	●已經出DVD的電影評論
●大街小巷的咖啡廳	●飯店、機場貴賓室介紹
●便宜的飯店（airbnb）	●高檔飯店
●電視（手機）、遊戲攻略	●圍棋、麻將、將棋
●時尚流行、穿搭	●和服、穿法
●偶像的舞步	●草裙舞、踢踏舞、佛朗明哥

⑥選擇經常點擊廣告的用戶群偏愛的主題

　　你知道有些用戶群是很適合放送AdSense的對象嗎？

　　有些人認定只有新用戶才會點擊廣告，但是其實並不然。

　　如果以常常點擊廣告的用戶群為對象來選擇主題就有可能提升收益。想當然，不會點擊的用戶群就絕對不會點擊；反過來說，完全無法區分廣告是什麼的網路新手就會願意一直點廣告。

　　專用AdSense的網站很適合無法區別網頁內容和廣告的用戶群，選擇他們會感興趣的主題架設網站最為理想。不過這個對象不能是小孩，他們無法為廣告商帶來收益，所以會讓收益下滑，最糟糕的情況是這些點擊都被誤認為惡作劇點擊，讓帳戶被停權。

Chapter_1

Chapter_2

Chapter_3

Chapter_4

Chapter_5

Chapter_6

也就是說，重點在於**要為常常點擊廣告的用戶群架設網站**。可以考慮男女、年齡層、職業，尤其是寫給科技業界人士的主題，他們很清楚AdSense的機制，通常都不會去點擊廣告，所以應該將他們排除在選題對象外。

其實會用電腦查資料的用戶就是適合AdSense的用戶群，「用手機查＝忙碌的人」，這樣的用戶一達成目的就會立刻離開，而「用電腦查＝有時間慢慢查資料的人」，這些人就可能會為了查更多資料而點擊廣告。

很多人會認為「優質點閱＝來自搜尋結果的點閱」，但這已經是過去式了，AdSense可以放送投用戶所好的個人化廣告，所以與有沒有經過搜尋引擎無關。同樣地，很多人都說同一個用戶不會多次點擊廣告，不過因為現在可以自動顯示最適合用戶的廣告，只要沒搞錯用戶層，他們都會點擊很多次。

⑦ 選擇可以在適當長度內收尾的主題

讓人長期使用的網站，內容不能過多也不能過少；過少用戶無法滿意，而過多的話，這個網站就像是永遠沒有完成的半成品一樣，可能會有損用戶的信賴。

不過這不是說只要刻意減少文章數就好，而是要找到**長度適中的主題**。就算整體的文章數很少，只要這個網站能夠吸引點閱數，就更容易進行橫向發展。經營數個網站是萬一某個網站收益大減時可以避險（Chapter_6會再說明保持穩定的避險概念）。

假設現在要建一個古城的網站，如果主題是「全世界的古城」就會需要非常龐大的內容量。不過如果只鎖定在「日本的古城」，你的網站大小就會比較適中（其他像是日本的山、日本的湖泊、日本的機場等）。

內容多的網站要特別注意易用性（好用的程度）不能過於惡劣，用戶來到內容過多的網站時，常常會找不到目標網頁，結果網站就變得很難用，這也是回訪客沒有增加的原因之一。

想增加回訪客特別需要注意易用性，最好能以讓人迅速找到想找的資料為目標。網站整體點閱數中回訪客比例較低通常是這個網站主題的內容量太多了，結果就只能仰賴搜尋用戶造訪網站，變成是在用以前的那一套網站經營法。

網站要設計出讓人從首頁用最短時間抵達目的網頁的結構，**一個網站的內容量抓在100頁左右**會比較理想。

⑧選擇對手（聯盟行銷）少的主題

Google AdSense的好處就是可以選擇沒有對手（聯盟行銷商）的主題。績效型的聯盟行銷只能選擇聯盟行銷平台經手的商品當作主題，不過AdSense可選用的主題無限多。

收益穩定化的重點就在於要選擇對手網站少、需求大的主題，找到想寫的主題之後，可以多方搜尋相關的詞彙，實際確認搜尋結果顯示出什麼樣的對手網站。得到高排名的是什麼網站呢？你可以注意下列的幾點：

- 有聯盟行銷商嗎？有多少？
- 有部落客嗎？有多少？
- 有出現「Yahoo!知識+」或「教教我！Goo」嗎？
- 有統整類網站或策展網站嗎？

如果這個主題的搜尋結果出現很多聯盟行銷商和部落客，就要先好好調查對手的網站，判斷相較之下有沒有勝算再決定要不要加入戰局。如果已經超出你現在的能力範圍所及，最好還是先放棄為妙。

不過如果搜尋這個主題之後，「Yahoo!知識+」或「教教我！

Chapter_1

Chapter_2

Chapter_3

Chapter_4

Chapter_5

Chapter_6

Goo」得到高排名，代表這是大好的機會，因為這類網站的專業性低，個別網頁的資訊量也很少，如果內容稀少都可以得到高排名，代表即使是後發網站的內容也很有可能在短期內得到高排名，所以值得當作目標。

對手（聯盟行銷商）很多的時候呢？

現在這個時代已經沒有零對手的市場了，就算對手存在，只要有好的策略一樣大有勝算。

如果你想選的主題對手眾多，可以考慮稍微偏離原本的主題（關鍵字），或者把範圍再縮小（包含次要關鍵字），對手多的主題有時候也能輕鬆得到高排名。

舉例來說，假設你想以「社會人士需要的能力」當作主題，就用近似關鍵字「社會人士必備技能」試試看，能力和技能是同義語，所以用戶人數本身是一樣的。

除此之外，你可以比較一下每個月的關鍵字搜尋量有什麼差異，如果相差不遠的話就可以選用，在找近似關鍵字的時候務必要用關鍵字規劃等工具確認搜尋的差異。

> **關鍵字規劃工具**
> https://ads.google.com/home/tools/keyword-planner/

在不知道是否順利、**精神狀態不穩定的情況下很難持續經營**網站，所以事前應該要確認這個主題有沒有賺錢的可能性，相信會成功，就更有繼續做下去的動力。

⑨網站本身而非管理員會被評價的主題

要讓網站的點閱數穩定，就必須提升網站本身的評價，最好是能架設專門介紹某個主題的網站，讓這個網站本身得到好評。

沒有特色的普通人要像知名部落客一樣得到世人讚賞，其實比各位想像得要艱難許多，雖然在文章中盡情展現個人特色也不是什麼壞事，但是已經有知名的部落客存在，競爭也很激烈，一般來說應該是不得了的紅海狀態。

這種商業模式的缺點包括「人都很喜新厭舊，要是不一直做新的東西，用戶就會看膩」和「需要很大的機運才能成功，重現性低」等。如果是定期更新的閱讀類主題，只要寫文章發布在社群媒體上點閱數就會增加，做起來很開心；可是一不更新點閱數就會減少，只是「一時的點閱數」，屬於收益不穩定的典型例子。

「我喜歡那個人，所以會來讀他的文章」，在AdSense網站中展現個人風格並不是特別重要的事情。重要的不是作者是誰，**而是網站的專業性**，用戶只要覺得「我不知道是誰寫的，可是在這個網站可以獲得正確的資訊」就好了。也就是說打造專門主題型的權威網站，是讓用戶肯定這個網站的一大重點，如果用戶覺得「我要查這個的話就一定要靠這個網站」就十全十美了（關於權威網站會在Chapter_5詳細介紹）。

⑩ 選擇市場大的主題

即便是對手少的利基市場也未必能吸引大量的點閱數，所以最好選擇可以事半功倍的市場。

在前面的內容提到，人數多的內容適合當作AdSense的主題，不過選擇市場大的主題也一樣重要，市場和人數的意思其實很相近，人數簡單來說就是用戶的總數，市場指的是供需雙方交換服務或商品的場域。

舉例來說，翻蓋手機的對手少，所以架設翻蓋手機的網站，這就是一個方向有問題的AdSense策略；翻蓋手機的市場規模小，而且又是夕陽產業，選擇這種主題的網站前途一片渺茫。

Chapter_1

Chapter_2

Chapter_3

Chapter_4

Chapter_5

Chapter_6

就聯盟行銷的角度來說，與其選擇對手存在、競爭激烈的大市場一較高下，不如選擇對手很少的小市場。但是就AdSense的角度來說，選擇市場大的主題相當重要，市場越大就越能花更少的勞力在短期內吸引點閱數。

這是因為在AdSense中，不管再大的市場都會有對手（聯盟行銷商）比較少的地方，所以可以找出無限個吸引點閱數的主題。

雖然小市場的優點是對手少，容易得到高排名，但是同時不能忘了缺點就是很難吸引到龐大的點閱數。我明白想要避開大市場對手多的心情，不過經營AdSense網站還是**積極鎖定大市場比較容易吸引點閱數**。

利基市場真正的意義是？

我們會看到「初學或後發者最好鎖定利基市場」這樣的策略，不過如果在AdSense中誤解這個策略絕對會失敗。

利基市場不單純是在指規模小的市場，「利基」是縫隙的意思，在商務界有「大企業未涉足的小市場」和「有需求但是並不成熟的市場」兩種意義。

聯盟行銷會鎖定前者，AdSense則是要鎖定後者才會更容易獲益。這是因為聯盟行銷的鐵則就是選擇暢銷的商品，淌入不成熟的市場只會陷入苦戰；而AdSense則是因為小市場很難吸引點閱數，容易陷入苦戰。

「藍海」也和「利基市場」很相似，在AdSense中使用藍海策略一樣有效。如果要在AdSense鎖定藍海，就必須避開紅海中競爭過度的區域，開創出一片藍海。避開紅海、在無人存在的海上漂流代表你是要前往一個沒有市場（需求）也沒有對手的地方。

很多人都會誤會，不過其實藍海並不是遠離紅海的市場，就算是對手很多的紅海主題，只要透過縮小主題、減少用戶人數、選用近似的關鍵字等藍海策略，**絕對有可能在紅海裡勝出**。

沒有什麼市場是沒有對手的，而且就算真的開創出了藍海，經過一段時間，對手增加後就會變成紅海了，這也是很常見的事。所以建議透過「近義詞」、「改變」、「增加」、「減少」、「抽出」、「轉換」等各式各樣的角度思考，想辦法做出自己與對手的差異化。

CHECK!

1. 選擇十年後也不太需要修改、始終如一的主題
2. 選擇常常點擊廣告的用戶群偏愛的主題
3. 選擇對手少的大市場主題

05 決定主題後
該做什麼？

決定主題後就要架設網站了，在架設之前最好先花足夠的時間選擇主題、做市場調查。網站都要花好一段時間才會得到Google的評價，如果你選的主題賺不到錢，你所花費的時間和勞力都會化為烏有，想避免這些事發生就要先好好做市場調查再開始架網站。

市場調查要做足

首先選出各個網站內容的主要關鍵字，透過關鍵字工具評估每個月的點閱數可能會有多少。使用關鍵字工具不是為了找出點閱數多的關鍵字，而是要調查市場規模。

假設現在要架一個主題為「員工常識和禮儀」的網站，網頁標題會用到「接聽電話的方式」、「客訴的應對」、「撰寫商務資料」、「資料保管方法」、「報告的訣竅」等關鍵字，可以拿這些關鍵字去查每月搜尋量。

總計這些主要關鍵字的每月搜尋量之後選定主題建立網站，此時就能預測點閱數有多少，而且也能大概知道要達成目標點閱數和收益需要多少文章。

當找到一個想做的主題時，千萬記得首先要做市場調查，切記AdSense網站賺不賺錢是取決於你所選擇的市場。

圖1-4／各式各樣的專門調查網站

● **調查的力量**（統整網路公開的統計資料）
http://chosa.itmedia.co.jp/

● **政府統計的綜合窗口**（日本政府公開調查資料的網站）
https://www.e-stat.go.jp/

● **生活定點**（26年份有關消費者生活的觀測數據）
https://seikatsusoken.jp/teiten/

● **矢野經濟研究所**（可以看到矢野研究所進行的調查結果，部分限會員瀏覽）
https://www.yano.co.jp/

・**有多少人對這個主題有興趣？**
・**未來人數可能增加（成長）嗎？**
・**有多少聯盟行銷商對手？**

　　就算現在的人數（用戶）少，如果只是市場未成熟（有些用戶未來想開始、有興趣）而已的話就不成問題。反過來說，就算用戶人數多，但同時對手也多、未來人數成長也有限的話，就不是理想的市場。建議拿捏好市場規模和用戶人數再判斷。

要在意網頁千次瀏覽收益（page RPM）而不是單次點擊出價

　　想在AdSense賺大錢比起單次點擊出價更要注意網頁千次瀏覽收益（37頁會再詳細敘述）。單次點擊出價高的主題往往對手也多，點擊率通常也比較低，網站整體的收益就無法如願增加。

　　很多人會認為只要鎖定單次點擊出價高的主題就能賺大錢，這個概念一半對但一半錯。AdSense中單次點擊出價高的主題是「換工作」、「金融」、「股票」、「不動產」、「美容」這種顧客終生價值（Customer Lifetime Value，一生花費的金額）高的，這些主題也是聯盟行銷商的激戰區，要吸引點閱數並不容易。

此時就會有人覺得「現在就算架設高單價的網站也賺不了嗎？」其實也不然，我剛剛所說的「換工作」、「金融」、「股票」、「不動產」、「美容」這些高單價領域指的是聯盟行銷，AdSense的好處就是不需要鎖定競爭者眾多的高單價領域。

使用個人化廣告

你知道Google AdSense除了「內容比對廣告」這種自動選擇放送與網頁主題相符的AdSense廣告之外，還會顯示「個人化廣告」這種與網頁內容無關的廣告嗎？

個人化廣告是比對訪客的瀏覽記錄，自動放送他可能比較有興趣、關心的廣告，若希望顯示出高單價的廣告，就要善加利用個人化廣告。

舉例來說，如果希望網站中大量顯示金融類AdSense廣告，不必去選聯盟行銷商多、難度又高的借款法律諮商網站或者融資網站，只要選社會福利制度這樣的網站就可以了。如圖1-5，社會福利沒有什麼聯盟行銷的商品，相關關鍵字搜尋的前幾名中也幾乎都沒有聯盟行銷商。

總而言之，個人化廣告的好處就在於可以適用於目標受眾之外的對象。社會福利制度這個主題乍看之下和金融類主題沒什麼關係，不過有些需要社福資源的人也會因為經濟拮据而想要融資借款。

Chapter_1

Chapter_2

Chapter_3

Chapter_4

Chapter_5

Chapter_6

Google　社会保障制度 問題点　🔍

すべて　ニュース　画像　ショッピング　動画　もっと見る　設定　ツール

約 15,300,000 件（0.56 秒）

近年の社会・経済状況と社会保障の課題点｜一般社団法人平和政策研究所
https://ippjapan.org › IPP分析レポート ▾
2017/03/24 - こうした中で、**社会保障制度**が国民に十分に機能しているかどうかが**問題**となっている。ここでは、社会保障の内容とそれを取り巻く状況を概観し、家計（家族）（※1）、企業、政府部門ごとに課題点をまとめ、そこから政策の提言を行う。1.

社会保障制度の改革をしなければ日本は破綻します① ～社会保障の現状 ...
https://ameblo.jp/right2050/entry-12201813195.html ▾
2016/09/20 - そして、社会保障給付費は年金に約半分、医療に3割、福祉に2割という状況です。2006年と2015を比較すると年金、医療、... 次回は現在の**社会保障制度**が本来あるべき状況ではなく、**社会保障制度**の**問題点**や本来弱者であるはずの者を ...

[PDF] 社会保障の現状と課題
https://www.cas.go.jp/jp/seisaku/syakaihosyou/kentohonbu/dai1/siryou2.pdf ▾
社会保障制度の基本的考え方。○我が国の福祉社会は、自助、共助、公助の適切な組み合わせによって形づくられている。○その中で社会保障は、国民の「安心感」を確保し、社会経済の安定化を図るため、今後とも大きな役割を果たすもの。○この場合、全て ...

[PDF] 第1章 我が国の社会保障の現状と問題点
https://www.mhlw.go.jp/toukei_hakusho/hakusho/kousei/1975/dl/03.pdf ▾

　　好比說介紹賓士或BMW的車種、介紹寶石的網站也是一種方式。受眾為高級車、寶石感興趣的富裕階級或高所得層的網站更有可能會顯示「股票」、「外匯」、「不動產」這種高單價的廣告，你的網站收益性也就會很高。

　　對於「AdSense是只要用單價高的關鍵字架網站就能賺到錢嗎」這個問題，我的回答是「如果你的主題會吸引對高單價廣告有興趣的用戶，又符合藍海策略，這個網站就賺得了」。順帶一提，已經有數據指出個人化廣告的收益比內容比對廣告更多，所以建議可以進入設定畫面確認，如果個人化廣告設定為不顯示，可以立刻取消。

　　雖然吸引點閱數是讓AdSense網站收益增加的重點，不過其實不太需要考慮每個人的瀏覽量是多少，基本上離開網站的途徑只能是Google AdSense，因此與其增加無意義的點閱數，不如增加UU

數（不重複用戶）對收益更有直接幫助。要是把增加每個人的瀏覽量當作目標，可能就會採取用戶不樂見的多餘策略，好比說無謂地分割網頁、增加無意義的相關廣告或文中連結。

對AdSense網站來說，就算一個用戶只有1瀏覽量也不是問題，無謂增加網頁數或許能讓表面上的瀏覽量增加，但是這樣做卻會徒增網站最佳化的工作量，讓經營效率更差。需要講究的地方應該是如何做出讓用戶在一個網頁中完全滿意的內容，這樣才能建立出收益效率好、不太需要更新或補強的AdSense網站。

想要增加AdSense網站的收益率，比起單次點擊出價更需要注意的是網頁千次瀏覽收益。網頁千次瀏覽收益是用預估收益除以瀏覽量再乘以1000，也就是網頁瀏覽千次的預估收益，想在AdSense賺大錢，**選題的時候就要把網頁千次瀏覽收益考量進去。**

假設有個網站每天的AdSense瀏覽量是500，網頁千次瀏覽收益是1000元，收益為500元，在網頁千次瀏覽收益1000元不變的情況下，AdSense瀏覽量達到1000就會有1000元的收益。但是點閱數少時的網頁千次瀏覽收益只是預估值，實際上達到這個點閱數時，真正的收益可能會比預估多或少，所以最好只當作一個參考就好。

網頁千次瀏覽收益可能會隨著點擊率和單次點擊出價的提升而增加，舉例來說，假設有個網站每天有1萬點閱數，點擊率只要提升0.1%，每天的點擊數就會相差10，如果每次點擊都是50元，每天就會增加500元，每個月就會增加1萬5000元的收益。

經營以AdSense為主的網站時，單價和點擊率同樣重要，所以找出能讓點擊率和單次點擊出價達到最佳平衡的好主題特別重要。千萬不要以為高單價就一定賺得了錢，決定主題一定要考量到網頁千次瀏覽收益。

Chapter_1

Chapter_2

Chapter_3

Chapter_4

Chapter_5

Chapter_6

CHECK!

1. 進行市場調查，確認自己的主題有沒有發展性
2. 單價低的主題也可以善用個人化廣告來增加收益
3. 以網頁千次瀏覽收益為指標，判斷該主題是否賺得了錢

讓點閱數穩定的「SEO策略」

如果只仰賴來自搜尋結果的訪客，
下個月你的點閱數很有可能因為對手
超前你的搜尋排名或者受到
Google搜尋演算法改變的影響而歸零。
想要穩定獲利就必須製作
「保持搜尋排名、讓點閱數穩定的網頁內容」。

只仰賴搜尋用戶，點閱數永遠穩定不下來

想要有穩定的收益，就必須吸引到大量的點閱數，然而很多人都會誤以為他們要吸引的點閱數是以「來自搜尋引擎」的為主。

增加文章量之後點閱數沒有增加？

搜尋引擎是最適合獲得新用戶的工具，而且攬客能力又比不上社群媒體，所以很自然會覺得應該要集中火力做搜尋引擎的行銷。然而最近很常聽到**即便做出了搜尋表現好的網站、增加了文章數，點閱數也不再增加了**的聲音，這到底是為什麼呢？

理由有三個：第一是對手增加，許多文章大同小異。第二是任何人都能輕易從社群媒體等途徑取得SEO的消息或技巧。第三，對手（聯盟行銷商或部落客）的文章比以前更有水準。

你有沒有這樣的經驗呢？一開始新增文章的時候，寫越多點閱數也越多，但是隨著文章到了數百、數千篇的時候，點閱數卻意外地沒有跟著增加。

這個理由很明確，雖然新文章會讓點閱數增加，但是點閱數減少的文章也增加了，也就是說增減的比例失衡了，請見圖2-1。

倘若搜尋演算法改變或對手寫出了比你更優質的文章，即便是曾經得過第一名的文章，排名一樣會下降、點閱數也會減少。也就是說點閱數減少的速度比新文章帶來點閱數的速度更快時，就會產生整個網站的點閱數不再增加的現象。

▌圖2-1／部落格整體的點閱數不再增加的現象

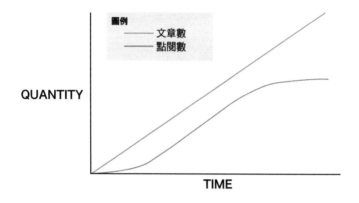

回訪客是穩定收益的關鍵

　　要解決這個問題，就只能重寫評價下滑的文章，或是寫出更多能夠彌補點閱數減少的新文章。可是如果是自己寫所有文章的個人聯盟行銷商或部落客會因為時間有限，無法解決這個問題。

　　假設一天有五篇文章的搜尋排名下滑，一個人真的有辦法寫出彌補這些點閱數的文章量嗎？資源雄厚的大企業可以動用外部資源（外包）新增文章或者編輯舊文章，但是個人經營的網站一定無能為力吧。因此個人想要讓收益穩定的話，**回訪客（Returning Visitor）就變得很重要**。

　　回訪客不是來自搜尋引擎，而是來自電腦或手機的書籤，其實他們就是網站的粉絲。

　　如果來自搜尋的用戶全都將網站加入我的最愛或者書籤成為回訪**客，即便搜尋演算法有改變，這個網站也不容易受到影響**，請參考圖2-2。

　　第一年的回訪客是全體的21.1%，第三年就變成49.7%了，假設一個網站每月瀏覽量是100萬，受到搜尋的影響，來自搜尋的用戶減

Chapter_1

Chapter_2

Chapter_3

Chapter_4

Chapter_5

Chapter_6

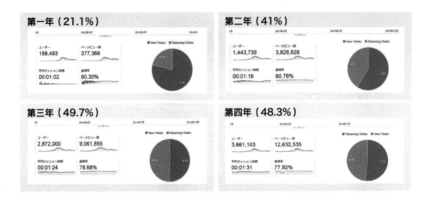

第一年（21.1%）

第二年（41%）

第三年（49.7%）

第四年（48.3%）

※筆者的管理畫面。顯示的數據上排起分別為：使用者／瀏覽量、平均工作階段時間／跳出率

少50%，此時21%是回訪客的網站會減少40萬瀏覽量，但是49%是回訪客的網站只會減少25萬。

回訪客比例越高，每個月點閱數的起伏就會越小，收益也會越趨穩定。

需要吸引多少回訪客？

我很想說回訪客的比例最好能達到100%，但是這實在是個不切實際的目標，最理想的目標還是要有70%以上。想當然耳，即便受到什麼改變的波及，回訪客比例越高，影響也會越少。

順帶一提，可能有人會覺得剛剛資料中的「每個使用者的工作階段時間」很少，但是有回訪客就代表他們會在不同時間回訪數次，所以不必太介意每個人的平均工作階段時間，只要照顧到回訪客，就完全不需要用一些雕蟲小技短暫提升每人的平均工作階段時間。

如圖2-3所示，**回訪客人數增加有助於未來的穩定發展**。第一年到第三年都是新用戶的比例很高，仰賴來自搜尋的用戶，所以網站不

Chapter_1

Chapter_2

Chapter_3

Chapter_4

Chapter_5

Chapter_6

▌圖2-3／緊緊抓牢造訪網站的用戶

	第一年	第二年	第三年	第四年	第五年	第六年	第七年
新用戶	300,000	300,000	300,000	300,000	300,000	300,000	300,000
回訪客	0	100,000	200,000	300,000	400,000	500,000	600,000
總計瀏覽量	300,000	400,000	500,000	600,000	700,000	800,000	900,000

太穩定，但是第七年總點閱數的66%都是回訪客，就算搜尋排名下滑，收益也不會突然歸零。

如果希望網站在沒更新的狀態下用戶依然會增加，只要讓大多數造訪網站的用戶都變成回訪客就可以了；這樣一來，即便文章量和搜尋排名都不變，每年的點閱數還是會持續增加。

你是不是一心一意都在想要怎麼增加新用戶呢？其實增加回訪客才是讓你的網站收益穩定的訣竅。

CHECK!

1. 不要再採取仰賴搜尋用戶的經營方式
2. 以不容易受演算法影響的方式經營網站
3. 增加回訪客，以穩定為目標

07 提高排名、
吸引點閱數的具體方法

在經營部落格一段時間後是不是會覺得「點閱數沒有想像得多」？網路上都會說「寫了一百篇文章點閱數就會增加」、「只要設定好關鍵字，排名就會上升，點閱數也會增加」等，這些究竟是否屬實？

SEO技法是必備的

聽到SEO，你聯想到的是什麼呢？

只要提高網路上的搜尋排名就會有更多人看到，所以SEO是提升排名不可或缺的一種技術。

可能有人會有比較負面的印象，認為SEO是「走Google後門的技術」、「讓劣質內容強行擠進排名的技術」，不過提升搜尋排名，就代表會有更多人讀到你寫的文章，因此**SEO是一定要學會的一種技法**。

只有「局內人」才清楚演算法的機制

SEO沒有標準答案，SEO專家的意見也未必就完全正確，這是因為很多Google的演算法都沒有公開。自稱專家的人充其量只是聽了Google官方發表的內容後，分析自己留下的數據並進行假設和推測，只有搜尋引擎開發人員才清楚SEO的黑盒子裡裝了什麼。

也就是說，**只有自己留下數據、驗證出來的SEO才是真的**，每當你得到了什麼SEO的消息，最好都要自己驗證是否為真再採用。

Chapter_1

Chapter_2

Chapter_3

Chapter_4

Chapter_5

Chapter_6

過去有一段時期，只要網站連結被各式各樣的網站貼上，排名就會上升，但是許多走演算法後門的網站都已經從搜尋結果中消失了。現在這個時代，就算用什麼雕蟲小技操作SEO暫時提升了排名，如果網站內容的品質很差，排名也維持不下去。

甚至還有人潛心鑽研，以「得到高排名，成為SEO專家」為目標，這些都已經本末倒置了。既然要保持排名，比研究SEO更重要的，應該是要得到更多用戶支持、製作出更有用的網站內容，這種內容也是Google所需要的，自然會得到肯定。

檢驗眾人說成效好的技法是否屬實

其實所謂的SEO就是把Google的獨家演算法都搬進網頁內容運用。說標題用到關鍵字就會提升排名、連結多排名就會上升也都只講到演算法的一部分而已，據說這些演算法總共超過250種，全世界的SEO專家只是進行各自的調查研究並發表他們的見解。

這裡補充一下，演算法指的是「讓電腦在接收提問後提出正確答案的流程和算式」，Google公開表示他們的演算法經常會更新，每天都會進行改良，提供最適合搜尋用戶的答案。換句話說，用戶想要正確的答案，演算法會去找包含這個答案的網頁內容，只要網頁內容中包含讓演算法找到的所有元素，排名就一定會上升。

說到這裡可能有人會覺得「所以我只要學會演算法就所向無敵了吧」，可惜Google官方只公開了一部分的演算法，**大部分的演算法都是非公開的**。

網路上有些不實的SEO消息，有些也只是SEO專家根據個人的數據驗證出來，算是單純的推測而已，這一點最好謹記在心。

世界上沒有什麼100%值得信任的SEO消息，最好先在自己的網站留下數據，自行驗證所謂效果很好的SEO策略是否屬實。

CHECK!

1. 提升搜尋排名就能讓更多人讀到你的文章
2. 網路上沒有什麼100%值得信任的SEO消息
3. 自行驗證SEO技法，只採用真正有效的

製作網站內容時要運用Google演算法

在這個時代，光是文章品質好，搜尋排名也漸漸不會提升了。所以網站內容最好能用上所謂決定搜尋排名的Google演算法元素，想辦法得到比對手高的排名。

研究對手的網站內容，採用更厲害的SEO

Google說過他們會透過超過250種的演算法評價網路上的內容進行排名，把精準回答用戶提問（搜尋）的內容往前排。

有些SEO策略可以立即見效，有些不然，但是無論效果如何，採用SEO策略確實能得到Google更高的評價。特別是資訊網站類的內容，這些網站的關鍵字和文章都大同小異，因此**SEO強的內容就會得到比對手高的排名**。

搜尋排名是比較出來的，只要研究對手的內容，採用更厲害的SEO就有可能脫穎而出。你可能會覺得「受制於演算法也太綁手綁腳了」，不過這是為了讓更多人能讀到你的文章，建議還是要妥善採取SEO策略。

CHECK!

1. 無論SEO效果大小，網頁內容都可以盡量採用

2. 如果是相似的內容，SEO強的就會得到高排名

Chapter_1
Chapter_2
Chapter_3
Chapter_4
Chapter_5
Chapter_6

長尾關鍵字
是結果而非目的

寫文章的時候都會設定關鍵字，最近應該有許多人會在意名為「弱者的戰略」的長尾關鍵字吧？其實就AdSense網站來說，在網頁內容中積極使用熱門關鍵字才是成功的法門。

從現實來看，鎖定長尾關鍵字沒有效率

有人會說要「透過對手少的長尾關鍵字得到高排名」，當然這種方法也不算錯，但是其實長尾關鍵字並不是最終目的，**是Google自行找到的**。

AdSense的點閱數會與收益成正比，所以文章中使用基數多的關鍵字是最基本的做法。只要設定好基數多的主要關鍵字，好好寫出搜尋用戶需要的答案，就算不刻意為之，長尾關鍵字也會得到高排名。

長尾關鍵字等小眾的關鍵字沒有什麼競爭對手，因此要在短期內提升排名很容易，但是每篇文章的點閱數都很少，必須要量產文章才能增加點閱數。如果是聯盟行銷，點閱數少一樣可以有一定的收益，但是AdSense卻不然。

如果一篇文章設定了長尾關鍵字，而且選用的又是那種可以積少成多的主題，用這個關鍵字量產文章也許能吸引到大量的點閱數，但是從現實面來考量必須耗費非常大量的時間才能做到，這樣是非常沒有效率的。如果是兼職經營網站的全職上班族這類時間不多的人，應該不太適合採取這種方式。

Chapter_1

Chapter_2

Chapter_3

Chapter_4

Chapter_5

Chapter_6

文章中使用搜尋量多的熱門關鍵字

　　與熱門關鍵字相比，長尾關鍵字更容易得到高排名，不過長尾關鍵字最大的缺點就是很難長期維持排名。如果你選了對手多的主題，只要對方採用更強的SEO，你的排名就會立刻下滑，這種網站內容就不是能夠積少成多的資產了。想要透過少量的內容吸引大量的點閱數，重點不在長尾關鍵字，而是要**在文章中使用搜尋量大的熱門關鍵字，讓Google自行找到你原本無意鎖定的一些次要詞彙**。

　　舉例來說，如果你的關鍵字是「融資」，搜尋結果中顯示「融資＋其他字」、「融資＋其他字＋其他字」或「與融資這個關鍵字相關的文章」的可能性就會更高。

　　先設定基數多的單一關鍵字，再設定相關的複合詞，最後以主要關鍵字為單位，寫出完美滿足用戶需求的文章。如果這個關鍵字的每月顯示次數是1000，上限就是1000，如果是10萬，瀏覽量就可能達到10萬。

CHECK!

1. 寫文章時不要把長尾關鍵字當作目標
2. 設定搜尋量大的單一關鍵字

鎖定點閱數多的複合詞

應該有很多人都希望「透過熱門關鍵字得到搜尋結果第一名」,但是其實就算靠一個熱門詞得到了第一,點閱數也未必會爆增;而且複合詞的點閱數有時候會比單一詞更多,所以一定要先確認用單一詞的點閱數多,還是複合詞多。

留意與熱門詞一併被搜尋的詞

如果(關鍵字很模糊的)文章內容與搜尋用戶想要的答案大相逕庭,**就算得到搜尋第一名,點閱數也未必會增加很多**。以單一詞搜尋的用戶想知道的答案基本上也有很多種,Google目前好像也還無法判斷讓哪一個內容得到高排名用戶才會滿意。

最近的Google搜尋傾向預測「季節」、「時間」或「執行搜尋的地點」等各種要素來決定排名,這不是因為Google擁有人腦,我認為單純是因為Google在使用主要關鍵字的網頁內容中找到複合詞與長尾關鍵字,複合詞與長尾關鍵字的「搜尋次數」又影響了主要關鍵字的排名。

舉例來說,你知道在春天和夏天搜尋「暑假」這個關鍵字,得到高排名的內容會截然不同嗎?

夏天搜尋「暑假」時,顯示的大多是旅行或出遊類的網站;但是在春天搜尋「暑假」的話,顯示的大多會是招募新人類的網站,我們可以推測這是因為搜尋用戶在春天搜尋「暑假」這個關鍵字時,通常會一併搜尋「打工」。

自2015年開始，Google演算法採用了可以推測模糊搜尋的「RankBrain（人工智慧）」，但是用以推測的資訊（單詞）如果太少，應該還是有其極限。

　　RankBrain會同步採用手動輸入的資訊，不是完全的機器學習，而且手動輸入的比例很高。所以如果希望搜尋結果中單一詞能得到高排名，你的SEO策略就不能只針對單一詞，最好也一併考量到與熱門詞同時搜尋的複合詞和長尾關鍵字，讓這些詞得到高排名。

CHECK!

1. 單一詞未必能吸引到很多點閱數
2. 製作內容時也要把複合詞納入考量

Chapter_1
Chapter_2
Chapter_3
Chapter_4
Chapter_5
Chapter_6

11 進入搜尋結果第一頁之後 要鎖定高排名

如果想要吸引用戶造訪自己的網站，得到搜尋結果第一頁的前幾名會是最基本的條件。因為點閱數大多是取決於每月搜尋數和搜尋排名，也就是說擠進第一頁是從搜尋攬客的最低條件，因此建議最好能把得到搜尋高排名的方法學好。

擠進前三名才有意義

有超過半數的搜尋用戶會造訪搜尋結果前三名的網站，而排名在三名以後的造訪率則是大幅下降。意思就是只要沒有前三名，就很難達成接近預估搜尋次數的點閱數。

請見圖2-4。不管是哪一個搜尋引擎，前五名的網站都能得到超過70%的使用者。

▌圖2-4／前五名的網站得到超過70%的使用者

搜尋排名	AOL（2006年）	Enquiro（2007年）	Chitika（2010年）	Optify（2010年）	Slingshot（2011年）	Chitika（2013年）	Catalyst（2013年）	Caphyon（2014年）
第1名	42.3%	27.1%	34.4%	36.4%	18.2%	32.5%	17.2%	31.2%
第2名	11.9%	11.7%	17.0%	12.5%	10.1%	17.6%	10.0%	14.0%
第3名	8.4%	8.7%	11.4%	9.5%	7.2%	11.4%	7.6%	9.9%
第4名	6.0%	5.1%	7.7%	7.9%	4.8%	8.1%	5.3%	7.0%
第5名	4.9%	4.0%	6.2%	6.1%	3.1%	6.1%	3.5%	5.5%

在超過250種的演算法中，採用重要度最高的一些策略製作網頁內容，通常就能更早顯示在第一頁，而在擠進第一頁後，還是有很多排名遲遲無法往上爬的案例。

我並不知道正確的原因，我的假設是用戶在搜尋結果和連結網址中採取的行動，可能是讓網站排名往上爬的關鍵。這只是我的個人見解，用戶在搜尋結果和連結網址中的行為可能會影響一個網站進入第一頁後能不能擠進前三名。

CHECK!

1. 搜尋結果前五的網站得到超過七成的用戶
2. 用戶在網站中的行為是讓網站進入前三名的關鍵

Chapter_1

Chapter_2

Chapter_3

Chapter_4

Chapter_5

Chapter_6

對排名影響最大
的用戶行為是什麼？

「平均工作階段時間長度」、「每個使用者的工作階段數」與「跳出率」確實都是判斷用戶滿意度的重要指標，不過常常會因為文章的主題不同，讓這幾個指標有增有減。但是千萬不要忘記，要是採取不當的策略得到高排名反而會對用戶不利。

用戶達成目的後就不會繼續讀下去

目前還沒有人知道Google的演算法是不是真的根據用戶的行動在排名，我個人則是認為「Google採用的演算法，會根據用戶在網站內的行動為網站排名」這個說法相當可信，

我手上的幾個網站中，關於用戶在網站內的行為，也就是「平均工作階段時間長度」、「每個使用者的工作階段數」與「跳出率」表現好的網站通常也會得到高排名。這些指標是用戶行動的代表，可以從Google分析的「平均工作階段時間長度」、「每個使用者的工作階段數」與「跳出率」項目進行確認。

「用戶越愛讀的內容，搜尋表現越好」的這種演算法也許不是最近才被採用的，可能其實從以前就已經存在了，只是在眾多的演算法中，決定排名的重要指標漸漸從反向連結轉往用戶行動模式而已，我認為這個演算法未來應該也不會改變。

「平均工作階段時間長度」、「每個使用者的工作階段數」與「跳出率」確實都是判斷用戶滿意度的重要指標，不過一般來說這幾個指標會隨不同的文章主題有所增減，為了得到高排名就採取不當的策略可能會不利於用戶，這件事請務必要注意。

Chapter_1

Chapter_2

Chapter_3

Chapter_4

Chapter_5

Chapter_6

好比說用戶在閱讀類的內容和資料查詢類的內容中，會採取的行動本來就不一樣。用戶在看閱讀類（新聞、小說等）的內容時可能會讀好幾頁的文字，但是在網路上查資料的話只要目標達成就不會繼續讀下去了。

受眾是用戶，不是Google

長遠來看，採用專為得到高排名的策略實在是有弊無利，提升「平均工作階段時間長度」、「每個使用者的工作階段數」與「跳出率」是次要目標，而不是主要目標。

演算法會隨著時代改變，應該要注意些什麼才能製作出適應演算法變化的內容呢？

答案就是認清受眾，你的受眾是用戶，不是Google。如果你在製作內容時一直把用戶的滿意度放在心上，不管演算法怎麼變化都不會受到太大的影響。

對Google來說，「平均工作階段時間長度」、「每個使用者的工作階段數」與「跳出率」是現階段決定排名的重要指標；但是這個演算法如果對用戶沒有意義，可以想見它的重要度總有一天會下降。不過不管時代怎麼改變，滿意的用戶都一定會採取一個行動：**關閉畫面（停止工作階段）**。相反地，來自搜尋結果的用戶不滿意時會採取的行動是「立刻返回搜尋畫面」。

我自己經營的許多網站都是「平均工作階段時間長度」還算長，而「每個使用者的工作階段數」與「跳出率」都很低，不過這些內容還是長期得到高排名，我覺得是因為網站提供的資訊幾乎100%符合用戶的需求。

如果你在搜尋引擎查資料，造訪了得到高排名的網站，發現網頁中沒有你想要的資訊⋯⋯你會怎麼辦？你會返回搜尋畫面造訪其他網站吧？

要是來自搜尋的用戶立刻離開網站，「平均工作階段時間長度」、「每個使用者的工作階段數」與「跳出率」當然也都會很低。「平均工作階段時間長度」是用戶有沒有讀文章的指標，而如果用戶對這些資訊滿意，在讀完之後自然就會跳出，所以我認為「單次工作階段數」與「跳出率」這兩個指標就算低一點也不成問題。

　　可能有人會因為「每個使用者的工作階段數」造成排名上的影響，於是為了SEO而增加無謂的頁數，但是站在用戶的角度，無謂的網頁分割只代表易用性很差而已。

　　其實想辦法預防用戶在讀到文章之前就跳出網站才是最重要的SEO策略。

CHECK!

1. 能夠100%滿足用戶需求，就是搜尋表現好的網站內容
2. 用戶滿意時會結束工作階段，不滿意時會返回搜尋畫面

在搜尋結果中提升
自家網站點擊率的訣竅

搜尋結果中會列出各式各樣的網站，要讓用戶選擇你的文章勢必就需要一些技巧。吸睛的聳動標題雖然很有效果，但是對Google演算法不會有什麼太大的影響，網頁標題必須要採用對搜尋演算法和搜尋用戶兩者都有意義的文案。不過即便搜尋排名不是第一，還是有方法可以提升點擊率，得到高排名很重要，除此之外也要做好萬全的措施才能吸引更多的用戶。

網頁標題的用語會改變點擊率

　　用戶偏好點擊什麼樣的網頁標題？其實就是「看得出文章內有自己想知道的答案，而且簡潔易懂表達出文章內容」的標題。網頁標題會影響排名，因此最好能選用演算法喜歡的標題。

　　很多人說網頁標題或文章內最好不要用專門術語或艱深用語、表現，但是如果你未經思考直接採用這個法則，反而很有可能會讓網站在搜尋畫面中的點擊率下滑。其實某些情況下，在網頁標題中用專門術語比較好，也有些情況是不用比較好。

　　網頁標題用詞的判斷應該以受眾的用戶群為準；舉例來說，如果受眾是初學者等級、沒知識、沒經驗或者想要學習的人，最好就是選用人人都能懂的簡單用語。反過來說，目標受眾如果是高手等級的人，最好就能用專業術語或學術用語的標題。

　　另外，如果標題中出現沒有人在使用的詞語，就會給人「資訊過時」的印象，所以在定標題時最好能用符合時代而且時代變化少的詞語，還要注意選擇用戶群（職業、年齡、性別等）會喜歡的標題。

網頁標題除了有提問，也要有答案

用戶搜尋時輸入的關鍵字基本上就是「提問詞」，網頁標題中使用希望能得到高排名的關鍵字通常SEO效果也會很好，因此很多人都一定會在標題中放入提問詞。你知道其實除了提問詞，同時使用答案詞或接近答案的詞**可以有效提升點擊率嗎？**

假設你想找晚上約會的地點，搜尋了「約會 推薦」，搜尋結果中顯示的是「約會推薦景點」和「約會推薦的十大美麗夜景地點」，你會想點哪一個呢？

在之後的網站結構篇還會詳細說明，不過搜尋用戶都希望在短時間內得到答案。如果使用具體的答案或接近答案的詞，在看到網頁標題的瞬間就會讓人覺得「這個網頁有答案」。

網頁標題要簡潔有力

網頁標題要盡量簡短，如果很長的話，提問詞和回答詞要集中在前半部，這就是在搜尋結果中提高網站點擊率的訣竅。

雅各布・尼爾森（Jakob Nielsen）博士是網頁易用性研究的先驅，根據他的見解，用戶並不會一開始就在搜尋結果中讀完所有網頁標題，他們會先大致瀏覽前幾個字，再選出那些他們在意的網頁標題讀完。

因此我認為，並非說有演算法喜歡前半含有關鍵字的網頁標題，並提升它的搜尋排名，而是說因為用戶的點擊率高，排名才會往前。

網頁標題不要塞過多關鍵字

很多人說搜尋結果中的點擊率會影響搜尋排名，所以除了主要關鍵字之外，有人也會想在標題中使用希望能提升搜尋排名的幾個次要關鍵字，不過我個人不推薦這個方法。

因為當除了主要關鍵字還用上很多次要關鍵字，代表文章的主題過大，常常就會弱化SEO效果。

　　基本上只提到主要關鍵字的文章，SEO效果通常也會更好，縮小主題、新增內容、重新檢討網站設計反而會得到比較好的結果。

　　要是在一個網頁內容中塞入過多的關鍵字，讓主要關鍵字不太明確時，可以像圖2-5一樣重新將網站改造成「**一個內容配一個關鍵字**」的理想結構。抽出各個關鍵字、切割成新的內容可以更直接告訴搜尋用戶他們想要的資訊是什麼，也能讓網站內容更加豐富。

　　限縮標題的關鍵字除了是一種SEO策略之外，也有視覺上的優點。圖2-6的畫面是「狗 飼養方法」的搜尋結果，最近除了搜尋結果之外，很多人也很注重社群媒體的宣傳效果，常常會取一些如書名般吸引人的標題，也因此長標題在搜尋結果中已經不再顯眼。結果取那種又像提問又像答案的簡單標題反而更為吸睛，這代表我們要有與眾不同的思維，也就是要懂得反向思考。

　　既然標題要短，**既是提問又是回答的句子**就是最理想的標題。舉例來說，「狗的飼養方法是？」這種類型的標題就很理想。提問詞是「狗的飼養方法是？」，回答詞也是「狗的飼養方法是～」，「牽牛花的種法？」也是提問詞等於回答詞的標題。

　　順帶一提，如果提問和答案無法使用同個詞也不必硬是縮短標題，重要的是標題有沒有使用提問和回答的關鍵字，只要用了就能讓用戶覺得「這篇文章中可能會有答案」。

Chapter_1
Chapter_2
Chapter_3
Chapter_4
Chapter_5
Chapter_6

▍圖2-5／網頁標題不要塞過多關鍵字

網頁標題塞過多關鍵字的狀態

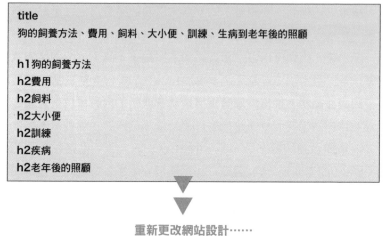

重新更改網站設計……

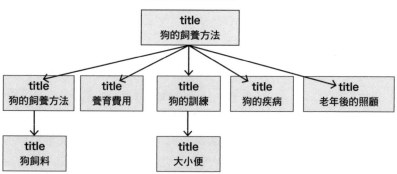

Chapter_1

Chapter_2

Chapter_3

Chapter_4

Chapter_5

Chapter_6

▌圖2-6／用戶只會掃過網頁標題的前幾個字

犬 飼い方	🔍

すべて　ショッピング　画像　動画　地図　もっと見る　　　設定　ツール

約 19,900,000 件（0.37 秒）

─── 只會掃過這個部分

犬の飼い方・しつけ方 | Petio[ペティオ]

https://www.petio.com/useful/petlife_dog_index/ ▾

犬の寿命は犬種によってもさまざまですが、健康で安全な環境だと比較的長く家族として暮らせる動物です。犬を飼うということは、その犬の面倒を一生みるということ。食事はもちろん、散歩や排泄の処理、しつけ、安全管理、病気の予防などすべてが命を預かる …

犬の飼い方、費用、エサ、トイレ、しつけ、病気、老後のお世話まで |

Petpedia

https://petpedia.net/article/50/how_to_keep_dogs ▾

犬は人と同じく社会性を持つ生き物で、最も古くより人類に寄り添ってきた良き友人といえます。そんなワンちゃんと一緒に暮らしたい！と言う方も多いはずです. でも、飼うのに必要な費用は？ドッグフードはどれを選べばいい？しつけはどのようにするの？

子犬の飼い方　教えて犬ノート 犬のお悩みスッキリ解決！- ペットライン

www.petline.co.jp/note/dog/keep/ ▾

ペットライン教えて犬ノートは、犬のお悩みを解決する子犬の飼い方の情報を紹介。

子犬を迎える準備① ～必要なもの～ | 子犬の飼い方 | 教えて犬ノート

犬 …

www.petline.co.jp/note/dog/keep/need/ ▾

ペットライン教えて犬ノートは、犬のお悩みを解決する子犬を迎える準備① ～必要なもの～の情報を紹介。

CHECK!

1. 選用簡潔而且人人都懂的標題

2. 標題要使用可當作提問與答案的詞

文章中除了有答案
也要有提問

你的文章有確實「回答」到用戶在搜尋欄位輸入的「問題」嗎？不過
「把提問本身寫進文章中」就是一個意外容易被遺漏的策略。

Google可能無法理解只有答案的文章

「提問詞」與「回答詞」是指希望得到好排名而設定為「標題標籤（title）」、「關鍵字標籤（meta keyword）」和「描述標籤（meta description）」的詞，除了文章內的主要關鍵字之外，大多應該也會設定次要關鍵字，把這些關鍵字全都寫進文章就是一個重要的SEO策略。

Google會提升與這些關鍵字高度相關的文章排名，此時用來判斷關聯性的就是「共現字」，這是指使用特定單詞時常常會使用到的詞，一般來說**應該要讓提問詞和回答詞成為共現字，產生高度相關**。

假設現在設定「豆腐是什麼？」這個提問詞的答案詞是「食物」、「黃豆做的東西」、「白色的東西」和「味噌湯的材料」。倘若有提問就能明白這些是對於豆腐的回答，要是只有答案的話，就無法正確判斷這些是在寫什麼，除了豆腐，豆皮也符合上述的條件。

人類讀得懂只有寫答案的文章，不過Google卻很有可能會無法理解。

Google會依據特定的關鍵字前後出現的共現字，判斷詞彙的意義與這是篇寫了什麼的文章，因此要是沒有正確使用共現字，這篇文章就很有可能會被認定與關鍵字的關聯性很低。

使用很多「這個」、「那個」這種模糊表現的文章也一樣，人類

可以理解，不過要是前後沒有共現字，Google就完全無法理解這是在寫什麼。

Google採用了使用人工智慧「RankBrain」的演算法，以及可以理解詞彙意義與目的的「Hummingbird」之後，搜尋的準確度已經大幅提升，但是很多地方還是會讓人覺得Google的理解仍然無法像人類一樣。

排名越高的網站，**越會用心在文章中用到提問詞**，因此記得要在答案的前後用上用戶搜尋時輸入的提問。

CHECK!

1. 文章中要有答案句也要有提問句
2. 文章中要特別留意用上主要關鍵字的共現字

Chapter_1

Chapter_2

Chapter_3

Chapter_4

Chapter_5

Chapter_6

減少立刻離開的用戶，
提高排名

網站的跳出率與離開率很高未必代表搜尋排名會下滑，因為跳出率和離開率也會隨著網站主題有高有低。

比離開率與跳出率更重要的事

「離開率」指的是「一個網頁的離開數÷該網頁的點閱數」，表示的是用戶離開的比例，而「跳出率」指的是用戶只看了最初造訪的網頁就離開的比例。

舉例來說，電話號碼搜尋等網站的離開率和跳出率就將近有100%；可是一般來說，新聞網站或提供閱讀文章的網站這兩個數字就會比較低。

比離開率和跳出率更重要的是「立刻離開」，也就是用戶立刻返回搜尋結果。讓Google判斷這個網頁內容是否優質的用戶行動中，立刻離開是最簡單明瞭的一個，所以絕對要避免。

想要得到高排名，**就不能讓用戶返回搜尋結果畫面**，接下來我會依序介紹需要採取什麼樣的策略預防用戶立刻離開。

讓用戶瞬間知道這裡有答案

最近很多人認為長文就是優質的文章，結果讓用戶必須花更多時間才能找到答案，因為「一篇文章的字數越多，對於得到高排名就越有利」的想法越來越普遍。

然而我的想法與這種概念正好相反，不管文章寫得有多好，要是用戶在文章中一直找不到想要的答案就完全沒有意義了。有些主題的

Chapter_1

Chapter_2

Chapter_3

Chapter_4

Chapter_5

Chapter_6

▌圖2-7／設定吸睛的標題與導言

※參考網站：美味しいメモ帳（https://www.oishii-memo.net/）

文章確實非寫得很長不可，此時就必須利用第一畫面（above the fold）讓用戶把文章讀完，技巧性地避免他們立刻離開。

　避免用戶立刻離開的一個有效方法就是如圖2-7一般，在第一畫面中寫上吸睛的標題、說明文章內容的導言（文章摘要、統整）（Chapter_3會再詳細說明文章的統整方法）。

　在第一畫面立刻讓訪客知道這篇文章寫了什麼內容，就能大幅降低離開率，搜尋用戶都希望盡快得到答案，所以這種形式是最好的。

　不過這個方法在資訊網站中適用，閱讀類網站就不一定了。

　此外，常常可以看到一些文章在開頭自我介紹或寒暄，寫出那種與提問和答案無關的內容，這樣不但會讓搜尋用戶立刻離開，從SEO的觀點來看，這些也都不是可以得到高排名的因素，所以最好是不寫為上。

如上所述，**透過第一畫面緊緊抓住用戶**是讓他們閱讀文章內文的重要策略，記得要讓造訪網站的用戶瞬間明白「這個網頁中有我想知道的答案」。

另外也要注意頁首（標題欄或選單欄等網站內共通的區塊）和文章本文的距離會不會太遠。

舉例來說，頁首和本文之間如果有大量的廣告或網站內部相關連結的話，本文可能會被一直往下擠，尤其是如果在第一畫面貼上過多廣告，會使得用戶體驗不佳，也可能會影響到Google搜尋排名。

這種設計會讓來自搜尋的用戶無法立刻找到本文，造成用戶的壓力，也使得他們立刻離開。有的畫面在電腦上看沒有問題，可是在手機上看就會顯得過長，在公開網站之前，最好實際看過檢查一次。

加入網頁內連結（目次）

避免用戶立刻離開的第二個訣竅，就是在網頁的上方加上「目次」，讓訪客可以立刻跳到他們想看的段落，透過網頁標題和導言抓住用戶之後，**建議可以設計抵達目標段落的最快動線給用戶**。

文章如果過長，訪客就要花很多時間才能找到答案，於是他們會放棄閱讀，這也是用戶離開的因素之一，而目次可以改善這個問題。目次需要用到「網頁內連結」，放在導言下方和本文之間可以增加易用性。

目次的連結文字要用包含次要關鍵字的文章小標，而且是你希望在搜尋結果中得到高排名的小標，不需要增加一些多餘的項目。加入目次的訣竅就是目次的項目數量要能讓用戶立刻找到想要的答案（目次的建法與小標的設定方法會在Chapter_3詳細說明）。

▌圖2-8／目次的範例

這次實際住進了貴賓樓層的客房，以下將提供住宿感想，並搭配照片詳細介紹房間的外觀和館內的設施。

本頁的目次

1. 到飯店的交通方式
2. 櫃台大廳
3. 客房的種類
4. 房間的外觀及備品
5. 窗外景色
6. 浴室・洗手間
7. 館內設施
8. 早餐
9. 神戶灣喜來登飯店的推薦指數是？
10. 確認空房資訊及最便宜房價並預約！

Google Chrome を入手　　　　①×

広告 1 つのブラウザですべての端末に
対応 高速、無料、インストールも…

▌不要設計得太突兀

第一畫面的設計如果很突兀，也會導致用戶立刻離開。

好比說「背景是灰色，文字是白色」、「突然播放影片或音樂的網站」、「每一頁都換一種設計風格，刻意營造精心設計的感覺」等都要特別注意。

除此之外還有「連結色是黃色、紅色這種平常不會用的顏色」、「使用文字圖（ASCII art，使用橫線、記號和文字表現的圖像）」、「文字大小不一」、「太多強調字型或粗體」、「文字色彩過於繽紛」、「太多底線」、「太多色彩反轉」等。

我明白想要讓內容呈現得更美、想要展現獨特性的心情，不過**標新立異的設計和難用的操作只會破壞無障礙性**（accessibility），設計最好能採用讓所有人看了都覺得不會突兀又能安心使用的那一種。

也可以參考看看Yahoo! Japan或是Google這種使用人數多的知名網站的設計。

CHECK!

1. 技巧性用第一畫面抓住用戶

2. 不要用不通俗的奇怪設計或圖案，避免用戶立刻離開

延長網站停留時間的方法

你是不是以為「停留時間長的就是優質內容」呢？增加一些偏離主題的多餘文章想要拖延停留時間，也無法讓訪客的滿意度提升，重要的應該是如何讓人把文章讀完這件事。如果文章都和主題沒什麼關連性，而導致使用者中途離開就本末倒置了。

只寫出用戶在尋找的答案

想要提升網站的停留時間，就要將搜尋用戶想知道的答案精確地寫成簡單易懂的文章，這感覺是很理所當然的一件事，但是其實很多網站都做不到。搜尋用戶基本上都**希望得到簡潔有力的回答**，所以沒必要寫出用戶沒有要知道的答案，只要緊扣主題，寫得簡短易懂就可以了。

如果可能會偏離主題的話，可以在當頁簡單留下說明，另外新建一個詳細說明的頁面，並在原網頁中貼上內部連結，這樣的效果會更好。而且文章太長很有可能就是主題過大的關係，所以可以考慮能不能細分主題。

妥善利用圖片

圖片配置得好的網頁內容通常停留時間也會比較長，而且圖文的比例尤其重要。

在社群媒體或傳訊息的時候都可以看到大量的圖文字或圖片，可見很多人覺得只有文字過於冰冷或者略有不足。

在第一畫面中放一張符合網頁整體印象的圖片，就可以在無形之

Chapter_1
Chapter_2
Chapter_3
Chapter_4
Chapter_5
Chapter_6

中告訴訪客「這裡有答案」；文章內也一樣，不要隨便插入圖片，**而是要選用有意義的圖片，讓圖片切合本文。**

如今手機用戶的比例已經高於電腦用戶了，這也代表比起熟讀文章的人，只會掃過圖片的人越來越多了。在網頁內容中以適當的比例插入圖片就能以圖像化的方式告訴用戶答案。

至於插入圖片的訣竅可以想像一下手翻畫，若能用說故事的方式將圖片排列好，就算不讀文章也能查到自己想查的資料。

你是不是隨便找個與文章相符的免費素材圖片插入，或者在網站內反覆使用相同的圖片呢？不管文章寫得再好，要是圖片與文意沒有關連就失去意義了。

用對詞彙可以提升停留時間

前面提到在搜尋結果中提升自己網站點擊率的訣竅，文章也和網頁標題一樣要根據受眾選擇不同用語。

有人覺得在初學者的網站中多用一些專家會用的專業術語、艱澀用語或表現會比較有權威感，吸引人閱讀，但是實際上正好相反，如此會造成語意不通、用戶離開。相反地，目標受眾如果是高手等級的，他們就會喜歡出現專業術語或學術用語的文章。

完全不考慮目標受眾直接寫出文章的最大缺點，就是你的網站會完全吸引不到點閱數，因為初學者和高手會搜尋的詞有天壤之別。

尤其是寫給初學者的主題，你可以想像受眾是國中生左右的用戶，這樣就能寫出讓各個年齡層的人都明白易懂的內容。

大量目標受眾不懂的用語或文章沒有親切感，而且只會拉遠作者與用戶之間的距離，能夠為用戶著想的文章評價自然也會比較高。

CHECK!

1. 文章內容是否大幅偏離主題？
2. 使用有意義的圖片，以圖像化的方式傳達答案

Chapter_1

Chapter_2

Chapter_3

Chapter_4

Chapter_5

Chapter_6

SEO策略總整理

想讓網站內容的排名提升絕對少不了SEO，不過你的內容必須100%符合用戶需求才能讓SEO發揮最大效果。想要穩定獲利，就必須學會無論哪個時代都屹立不搖的SEO策略。

什麼是用戶100%滿足的內容？

與其透過SEO硬是提升低品質內容的排名，從結果來說，先製作優質的內容需要耗費的勞力和時間都會比較少。舉個例子來說，一台輕型車即便是用了馬力多強的引擎，在安全性等綜合能力上來說，依然贏不過一台速度至上的跑車。

Google搜尋在RankBrain登場以後已經突飛猛進。既然Google的目標是「瞬間提供最符合用戶所需的答案」，所謂最強的SEO也就是製作「100%滿足用戶的內容」吧。

用戶100%滿意的內容到底是什麼樣的呢？

「需要的資訊應有盡有」

「資訊正確」

「數量多」

「寫法、結構很好懂」

這些都不算錯，但全都是次要的條件。

來自搜尋的用戶是否100%滿意你的網站，可以根據用戶讀完文章後所採取的行動來判斷。

用戶在滿意這些資訊之後會採取的行動是「結束工作階段」，結

束工作階段的具體動作包括「關閉瀏覽器」、「點擊廣告」、「開啟 Google Map」、「打電話」等。也就是說，返回搜尋畫面這個這個動作代表用戶對於你的文章有所不滿，結束工作階段則是象徵滿意的行動。

就算用戶停留時間長、也讀了你的文章，如果他後來還是返回搜尋結果，就代表這個內容沒辦法100%滿足用戶。就算是好的網頁內容，還是要常常檢查是不是有什麼不足之處，結果是不是不盡人意。

終極的SEO就是製作獨一無二的網頁內容

Google會根據各式各樣不同的因素（反向連結、內容、RankBrain）評斷網頁內容，但是Google無法像人腦一樣理解文章。人類和Google對於優質內容的標準不盡相同，只有其中一方覺得優質，排名依然不會提升，這也是SEO困難的地方。

知名作家的傑出作品可以感動、滿足眾多的讀者；但是直接電子化在網路上公開也不會得到搜尋的高排名，我們要讓用戶讀一篇篇作品就必須研究搜尋引擎，這就是所謂的SEO。

建立網站的時候必須同時留意用戶與搜尋引擎雙方。比如說，如果想讓用戶好讀而使用大量的代名詞，會使得關鍵字出現頻率變低，SEO就會弱化，排名也升不上來。反過來說，要是過度在意SEO把文章寫得很繁複，跳出率又會上升，排名依然升不上去。總而言之就是不能只偏於一方，要拿捏好分寸。

文章必須以簡潔易懂的方式寫出用戶想知道的答案，寫出用戶不滿意的文章代表你只在乎Google。如果是對用戶沒有價值的文章，即便現在這個網頁內容在SEO表現很好，讓這篇文章得到高排名的演算法總有一天還是會失效，這點過去的歷史已經告訴我們了。

如果因為搜尋排名上升或下降，就想要編寫或者改寫那種討好搜尋引擎的文章，最終都是白忙一場。為了用戶改寫是必要的，但是如

果只是為了配合搜尋引擎而改寫一定會沒完沒了。

許多只在乎Google動向的人，常常會關心演算法更新時的搜尋排名變化。Google的搜尋精準度至今依然不夠完美，想要鑽漏洞操作排名也並非不可能，不過這種做法只能得到暫時的結果。

終極的SEO就是製作其他網站沒有的內容，用戶很有可能會因為這個獨創性高的內容三番兩次造訪你的網站。

即便一次的造訪沒有閱讀很多網頁也無妨。就算中間會有空檔，三番兩次造訪就代表這個網站對人來說是有意義的，想當然Google也會將其評價為重要的網站。

有助於人、讓人感動、讓人喜悅又有很高的獨創性（獨一無二）的話，期望跟上人類思考的Google也會給予更高的評價。不是我們要去追Google，而是Google要追上我們。

CHECK!

1. 製作100%讓用戶滿意的內容，讓用戶結束工作階段
2. 經營網站要兼顧用戶和搜尋雙方
3. 以獨一無二的獨創性內容為目標

用戶和
搜尋引擎都愛的
「網站建立法」

想要穩定獲利，製作的內容不該是第一而是唯一，
擁有他人無可比擬的知識量
可以幫助你做出優質內容，做出網站的差異化，
而且既然要做，就要先學會適合使用AdSense、
讓收益更容易提升的網站建立法，
這是邁向成功的第一步。

所謂的優質內容
到底是什麼？

一個網站如果任何人隨隨便便就能完成，很快就會被別人模仿。想要讓點閱數與收益穩定，做出其他人無法隨便模仿的優質內容便是必要條件。

優質內容的條件

如果有人問你「什麼是優質內容」，你會怎麼回答？

雖然每個人都有一些模糊的概念，但是「優質」這個詞本身非常抽象，可能很少人有辦法做出具體的說明。

「優質內容」這個詞非常好用，在網站架設教學的課程中也常常會聽到「要製作優質內容」這句話，然而在我過去參加的課程中，從來沒有聽說過製作優質內容的具體方法。

接下來我會盡量具體地描述**「優質內容的定義」**。

優質內容必須提出讓用戶100%滿意的答案。

能夠100%符合用戶需求的網頁內容就是要「有憑有據」、「值得信賴」、「專業度高」、「應有盡有」，這種內容無論是用戶或搜尋引擎都會喜歡。

要如何做出「有憑有據」、「值得信賴」、「專業度高」、「應有盡有」的網頁內容呢？接下來將會說明具體的方法。

Chapter_1

Chapter_2

Chapter_3

Chapter_4

Chapter_5

Chapter_6

優質內容必備①有憑有據

一講到「有憑有據」，也許有人就會想到要「露臉」、「寫出本名」，不過這些指的是信任感，不是一種憑據。

相信各位也有可以信賴的朋友，就算你很信任這個朋友，難道不管他說什麼你都會100%相信嗎？不管你多信賴這個人，如果他信口開河你也不會相信他所說的話。

來自搜尋的用戶追求的不是「可信賴的人」，而是「**有憑有據的正確資訊**」。就算「露臉」或「寫出本名」也不代表文章會更有憑有據，資訊的正確度會是讓網頁內容有憑有據的重要因素。

> **如何讓內容有憑有據？**
>
> 「留意釋出的資訊是否正確」
>
> 「不單憑個人想法或主觀寫文章」
>
> 「立場客觀」
>
> 「明確記載消息來源（取材對象、取材地等）」
>
> 「記載出處（最好是專業度高的參考來源）」

重點在於要給予用戶「這些資訊真的很正確」的印象。

不管再怎麼妙筆生花、簡潔易讀，要是寫的內容不是「正確的資訊」，在查資料的用戶也會認定這些文章不值得一讀。

前幾天我很想知道「油表燈亮之後還能跑多久」，就用Google搜尋查了，如我所料，搜尋結果第一頁顯示的都是千篇一律的內容。

可能很多文章的參考來源都是老店網站、書籍、雜誌，所以每篇文章寫的都差不多。而且這些網站也都研究過SEO，標題、導言、甚至是小標全都和前幾名的網站如出一轍。在搜尋結果前幾名網站的都如此相似，內容也不太具體，就搜尋用戶的火眼金睛來看，這些網站都不會有什麼有意義的資訊。

不過從網路開始普及到現在已經幾十年了，就算有很多類似的內容存在也是很自然的事。看到現在有那麼多對手網站存在的時候，你可能會覺得「事到如今，再寫些差不多的文章應該也沒什麼好比的吧……」，但是其實正好相反。

既然其他人都大同小異，你就有可能因為**差異化而得到高排名**。

優質內容必備②值得信賴

優質內容的重點在於「信賴」，文中資訊的信賴度越高，用戶的滿意度也會越高。

在看搜尋結果的時候，會發現很多網站都大同小異，沒有差異可能是因為他們的憑據與出處都一樣，難以做出差異化。這種時候製作新的內容也不太可能得到高排名，所以必須要做出差異化。

就算這個主題在搜尋結果中已經有很多類似的網站內容，只要能提升文章的信賴度，後發網站一樣能透過滿足用戶的需求，進而得到高排名。

用戶在查資料的時候不會只看搜尋排名第一的結果，大部分都會看到排名第二、三的內容；因為用戶想要知道排名第一的**內容是否值得信賴**，這是一種用戶心理。

我在SEO篇中也說過了，用戶返回搜尋結果會直接造成排名下滑，是一種最糟糕的用戶行動模式，好不容易才爬到第一名，要是用戶立刻離開就功虧一簣了。想要保持排名，就要讓用戶覺得「這些資訊可以信賴」。

讓人覺得值得信賴的必要元素只有兩個：

Chapter_1

Chapter_2

Chapter_3

Chapter_4

Chapter_5

Chapter_6

如何讓人覺得值得信賴？

「標明文章的作者（例：附上作者簡介）」

「證明自己是專家」

　　以剛剛的油表燈來舉例，如果文章作者是「汽車維修員」或「汽車公司員工」的話，會不會突然覺得更值得信賴了呢？

　　如果在搜尋結果的描述中有「汽車維修員告訴你」這類句子，或是網站內簡介頁上的證書有標明「汽車維修員」，這個內容就更值得信賴了。這些都是網站的差異化，也有助提升網站的獨創性（或者原創性）。

　　為了製作網站內容就去當維修員或是到汽車廠工作實在不符現實；不過只要有實際洽詢汽車公司的客服窗口，就可以寫下這個「資訊來源」，這也是讓用戶覺得更值得信賴的有效方法。

　　「可能是○○○○」或「也許是○○○○」這種模糊的表現方式是減少用戶信賴度的因素。建議要寫出具體、充滿自信的文章做出差異化。

優質內容必備③網站的專業度

　　專業度高的內容不只Google喜歡，也會受到用戶歡迎。讓用戶覺得「我想查這個的時候就要來這個網站」就是網站穩定化的捷徑。

　　這裡所說的專業度並不是指在信賴度中所說的「是誰寫的」這件事。不是單一個網頁的內容，而是要將整個網站的所有內容統一成共同的主題，這樣就會被認為專業度高。在提升網站的專業度之後，來自「我的最愛」、「書籤」的回訪客就會增加，也可能會讓點閱數更為穩定。

　　最近讀書學習知識後架設專門網站的手法已經很普遍，文章的水

準也漸漸提升，因此現在比以前更難得到高排名。

　　此時如果取得證照、直接學習技術做出差異化的話，就能取得一般書籍上沒有的資訊，提升網站的專業度。

　　如果你的網站內容屬於取材類，實際造訪當地也是與對手網站做出差異化的可行方法。以下就是做出差異化的四個經典方法：

提升網站專業度、做出差異化的方法
「閱讀無數本該領域的專業書」
「考取證照、學會技術」
「補習」
「親訪現場，提供真實的資訊」

　　現在光是憑書籍的資訊或知識已經很難與對手網站做出差異化，尚未被任何人發現的熱門詞從關鍵字工具是找不出來的，這種東西必須**要自己動腦思考**。

　　透過自己的親身經驗就可以站在用戶的角度思考，這樣自然就能想到用戶「煩惱的事情」，也許就能發現自己從沒想過的熱門詞。深化了自己的知識與經驗之後，就不再需要透過搜尋工具找出每月點閱數多的關鍵字了。

　　建議在選好主題後埋頭苦讀，盡可能學到無人可比擬的知識量。最完美的狀態，是在開始架設網站前，你對於這個主題的知識與經驗已經足以寫出一本書。當已經學到了這麼多的知識，你的文章中自然也就會用到很多用戶在查資料時會輸入的詞。

　　現在這個時代，光是隨便蒐集、整理一些隨處可見的資訊，已經沒辦法在擠進搜尋結果的前幾名了。

優質內容必備④應有盡有

　　想要網站應有盡有，就要讓網站內的資訊（內容）變得更加豐富，而且必須要符合網站整體的主題，這樣也能讓用戶滿意度提高。

　　現在有股風潮認為，只要把一個網站中的內容量變多就好了，然而Google已經斷定「網頁量不會影響權威性」，網站的權威性並不會因為網頁量多就跟著提高。

　　而且如果無謂地細分文章頁，增加太多多餘的頁數，反而只會讓網站結構更為複雜。

　　從易用性的觀點來看，這樣的做法也很扣分。加強網站結構、提升易用性就能改善用戶體驗（UX），也會連帶影響SEO，因此最好是能**統整為適度的量和用戶會滿意的篇數**（有關網站結構的最佳化在Chapter_5中也會說明）。

　　你可能會很想知道，所謂應有盡有的網站到底要有多少的量才算是適當，不過這個答案會因主題而定，所以無法回答一個明確的數字。建議要足以讓用戶滿意，但又能讓用戶立刻找到需要的資訊，以這個當作適量的標準來架設網站。

　　要是用戶也覺得「講到○○就是這個網站」，網站本身就會權威化。網站內容應有盡有又權威化之後，也許同個領域的書籍或雜誌就會來邀稿，還可以開設課程，未來的可能性就是無限大。Chapter_5會再針對權威網站詳細介紹。

Chapter_1

Chapter_2

Chapter_3

Chapter_4

Chapter_5

Chapter_6

CHECK!

1. 寫出文章本身而不是個人受到評價的內容
2. 站在用戶立場製作網頁內容也許會想到意料之外的熱門詞
3. 不要無謂增加頁數

增加回訪客，
以穩定的網站為目標

回訪客數量超過來自搜尋結果的新用戶數之後網站才會開始穩定。延續幾十年、幾百年的老店之所以能夠一直生意興隆，不只是因為有新客戶，也是因為他們一直都很重視老客戶，經營網站也同理可證。

如何讓新用戶讀自己的文章？

搜尋用戶如果不願意讀你的文章，你就沒辦法進入下一步「讓他們成為回訪客」。可是不管你再怎麼努力想寫出優質的文章，不管一篇文章寫得再好，要是用戶不願意讀下去就不可能回訪。

因此要是不能引導來自搜尋的用戶前往他們的目標文章，也就枉費網站裡的優質文章了。

究竟要做什麼準備或策略，才能讓新用戶確實閱讀自己的文章呢？為了讓來自搜尋的用戶確實閱讀自己的文章，必須注意以下幾個重點。

用戶沒有讀你的文章?!

如果來自搜尋的用戶在讀文章前就立刻離開，不管文章再優質都沒有意義。網頁內容的顯示速度太慢、外觀不佳都是用戶從網站立刻離開的原因。

也因此為了避免用戶離開網站，內容的顯示速度與外觀都是改善的重點。

Chapter_1
Chapter_2
Chapter_3
Chapter_4
Chapter_5
Chapter_6

想像一下自己到便利商店的情景。如果結帳的時候店員怎麼叫都叫不出來，你會怎麼辦？如果店裡的陳列商品亂七八糟，找不到想買的商品，你還會想在這裡買東西嗎？這樣的便利商店，應該連踏進去都不願意吧？不管店裡準備了多厲害的商品，要是客人不進來店裡，商品也絕對賣不出去。

架設網站也是一樣的道理。一講到網站外觀很多人都會想到「設計」，但是其實除了設計之外，還有一些應該要注意的項目，下一節我會依序說明。

CHECK!

1. 不管是多優質的文章，沒有人讀就沒有意義
2. 用一些技巧讓用戶讀下去

Chapter_3

Chapter_1

Chapter_2

Chapter_3

Chapter_4

Chapter_5

Chapter_6

「顯示速度很重要」的
真正理由？

2018年Google進行了名為「Speed Update」的演算法更新，網頁
顯示速度成為列入行動裝置搜尋的排名因素。在採用這個系統之後，
許多人都說要讓網站內容的顯示速度高速化。究竟顯示速度太慢時，
用戶會有什麼反應或行動呢？

留意顯示速度

　　圖3-1是Google調查了用戶在瀏覽手機網頁時最煩躁的因素後得
到的數據。

　　有將近半數的用戶不滿的是顯示速度太慢，內容顯示很慢**是用戶
離開網頁的最大原因**。這也代表讓用戶滿意的第一步就是提升顯示速
度，Google把顯示速度列入排名考量的真正理由就在這裡。

　　雖說顯示速度本身對排名的影響不大，但是網頁速度慢是用戶最
不滿的因素，而這又會提升跳出率，最後成為排名下滑的真正原因。

　　在公開文章之前，請務必確認過顯示速度。

▌圖3-1／瀏覽行動網頁時最煩躁的因素？

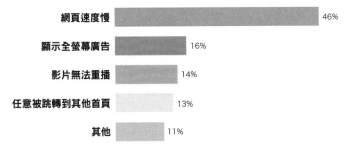

網頁速度慢	46%
顯示全螢幕廣告	16%
影片無法重播	14%
任意被跳轉到其他首頁	13%
其他	11%

※出處：Google調查

顯示速度的目標值大約為多少？

內容顯示速度的目標應該要設在多少呢？關於這一點，轉換最佳化（Conversion Optimizer）的專家傑里米・史密斯（Jeremy Smith，Engine Ready的CEO）發表了有趣的數據，請見圖3-2。

沒想到理想的顯示速度是1～2秒，顯示速度慢1秒，瀏覽量就會下滑11%（顯示時間如果從1秒變成6秒，跳出率會變成兩倍以上）；當載入超過10秒，49%的用戶就會離開網站，25%的用戶再也不會造訪這個網站。

動態網頁要低於2秒似乎難度過高，不過只要透過「縮小圖片尺寸」、「壓縮HTML或CSS」、「使用快取（cache）技術」等方法還是可以改善速度，所以請務必嘗試看看。也可以試試看WordPress改善速度的外掛。這些都是初學者也能輕鬆執行的方式。

補充說明，從「PageSpeed Insights」或「Google分析」的「網站速度」都可以查到載入的速度，先檢查自己的網站顯示速度是多少，如果非常差的話一定要加以改善。

平均網頁載入時間指的是「載入網頁的平均時間（秒），從開始

▌圖3-2／理想的顯示速度？

- ●1～2秒：很快
- ●3～6秒：平均速度，有改善的餘地
- ●7～8秒：很慢（必須改善）
- ●10秒以上：非常不便

※Google調查

瀏覽（按下網頁連結等）到瀏覽器完全載入為止」。只要登入點閱數解析工具「Google分析」，從左方選單的「行為」⇒「網站速度」⇒「總覽」就可以看到了。

從左方選單的「行為」⇒「網站速度」⇒「網頁操作時間」則可以看到每個網頁的平均網頁載入時間。每個網頁的情況會以百分比表示，要是比網站整體慢就會顯示「紅色」、快就會顯示「綠色」，點擊各個網頁連結就能看到實際的載入時間。

接下來探討更深一層的概念。其實很多人都以錯誤的方式理解「顯示速度快」了，因此我想在這裡討論一下「顯示速度快」的真正意義。

▎圖3-3／網頁載入的平均時間

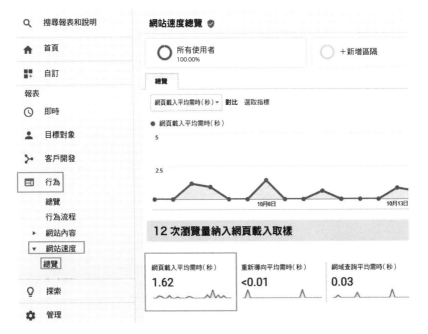

Chapter_1

Chapter_2

Chapter_3

Chapter_4

Chapter_5

Chapter_6

▌圖3-4／叫出平均網頁載入時間的方法

顯示時間與載入時間

　　許多人會誤以為「顯示時間」等於「載入時間」。載入時間是從用戶對新網頁發送請求的瞬間起，到瀏覽器完全顯示網頁的時間；顯示時間是從用戶對新網頁發送請求的瞬間起，到瀏覽器顯示第一畫面內容需要的時間。兩者雖然很相似，但是其實是不一樣的概念，你知道對用戶來說最先重視的應該是哪一個嗎？

　　你可能會以載入時間判斷網站顯示速度的快慢，不過**用戶體感的是顯示速度**。即便載入資料的速度受到Google肯定，用戶未必一樣也會肯定。載入時間快，網站顯示速度當然也會變快，可是如果是WordPress等動態網站則會有技術上的問題，再怎麼改善載入時間也有其限度。

　　追根究柢來說，改善顯示速度的目的不是提升搜尋排名，而是降低用戶的跳出率，提升使用者體驗。小心不要見樹不見林了。

　　在製作內容時，速度指數（Speed Index）是個意外會有很多人遺漏的指標，這就是提升使用者體驗的一個方法。不要只介意載入時間，還要同時改善人類實際看到的顯示速度。

Chapter_1

Chapter_2

Chapter_3

Chapter_4

Chapter_5

Chapter_6

速度指數很重要

你知道「速度指數」這個詞嗎？這是指**第一畫面顯示完成的時間**。多數的搜尋用戶應該都希望在短時間內得到想要的答案，因此在第一畫面內寫上他們要的答案是最理想的情況。要是因為顯示速度太慢讓他們返回搜尋畫面，你的苦心就全都白費了。改善了速度指數之後，就算載入時間很慢，也有可能降低跳出率。

經營網站時注意速度指數，就代表製作內容時要注意第一畫面的範圍內容要花多少時間載入。

想要改善速度指數，就要技巧性地讓重要的網頁內容先載入，在兩秒內顯示完成。

舉例來說，第一畫面可以以文字為主，不要放載入速度比較慢的圖片；或者如果要放圖片就要先加工，讓檔案稍微小一點，光是這樣的小技巧就可以改善速度指數。

理所當然，改善網站內容整體的載入時間也是SEO強化的一大重點。而有關網站速度，可以從Google所提供的工具「PageSpeed Insights」得到速度分數與改善速度的建議，推薦各位可以多加妥善運用。

PageSpeed Insights
https://developers.google.com/speed/pagespeed/insights/

指的是第一畫面顯示完成需要的時間。
顯示完成的時間相同的兩個網站，用戶的體感速度也會不一樣。

網站
A
立刻顯示網頁八成以上的畫面
10秒不動
內容全數顯示要12秒

網站
B
立刻顯示網頁兩成以上的畫面
10秒不動
內容全數顯示要12秒

　　下列的清單據說是PageSpeed Insights中有效改善速度的一些項目，只要上網搜尋就可以找到很多對策，所以我不再詳細說明。這些方法都對改善網站速度很有效，有興趣的可以查查看。

有效改善速度的項目

- ·避免使用到達網頁重新導向
- ·啟用檔案壓縮功能
- ·減少伺服器回應時間
- ·使用瀏覽器快取功能
- ·壓縮HTML、CSS或JavaScript
- ·最佳化圖片
- ·最佳化CSS傳送過程
- ·減少第一畫面內容的大小
- ·排除禁止轉譯的JavaScript
- ·租用伺服器改成高速方案
- ·共用伺服器改成專用伺服器

CHECK!

1. 顯示速度慢代表連起跑線都還沒站上
2. 對用戶來說重要的不是載入時間而是顯示速度
3. 製作第一畫面時要留意速度指數

Chapter_1

Chapter_2

Chapter_3

Chapter_4

Chapter_5

Chapter_6

目次的功能與
項目的最佳化

設置「網頁內連結」可以防止用戶立刻離開，降低跳出率，所以建議要了解設置網頁內連結的優點與有效的設置法。

用「目次」讓用戶知道這裡有他想知道的資訊

通常在各個網頁內容中會設定有一定點閱數的主要關鍵字，不過搜尋用戶除了主要關鍵字之外，可能是因「主要關鍵字＋次要關鍵字」或「長尾詞」才造訪的，應該說剛開始的時候，來自長尾詞的可能會比主要關鍵字多。

來自主要關鍵字的大多數用戶比較有可能會把文章從頭讀到尾，來自其他關鍵字的用戶大多只是來找他們需要的資訊，這種用戶會希望能在第一畫面的範圍內得到答案。不過最近盛行長文SEO策略，讓他們更不容易找到想要的答案。

若想避免他們離開，就必須瞬間讓用戶知道「這裡有你們想知道的資訊」，這個時候就很適合使用網頁內連結的「目次」。設定好目次之後，就能**簡單告訴用戶「不需要從頭讀到尾也可以找到你想要的資訊」**。

目次必須讓人一目瞭然，知道這篇文章在寫什麼；要特別注意的是，項目如果過多可能就會與原始的目的背道而馳。

項目過多時，用戶就無法立刻判斷文章內有沒有他們想要的資訊，也會造成他們立刻離開網站。既然如此，目次最適當的項目數量大概是多少個呢？

Chapter_1

Chapter_2

Chapter_3

Chapter_4

Chapter_5

Chapter_6

▌圖3-6／插入目次，簡單明瞭地分類網頁內容

插入目次做分類，
讓人更容易找到想要的資訊。

※參考網站：Sophisticated Hotel lounge（http://hotellounge.net/）

　　適合的數量會因主題而異，因此很難說一個具體的數字，不過我最多也會限縮在10項以內。

　　我的目次會與文章內各個小標的文句和數量相同，可是如果網頁整體的主題規模不大卻用到過多小標，代表文章可能偏題，變成一篇冗贅的長文。

　　要是你的小標多於這個主題規模應有的數量，用戶可能就會難以掌握內容在寫什麼，需要特別注意。

　　另外，目次的各項目都要精簡地表現出文章在寫什麼，字數不能過多也不能過少；還要考慮用戶可能只是掃過標題的情況，將關鍵字集中在前半部，因為人在瞬間可以辨識的字數最多就是9～13字，日本Yahoo!新聞的標題統一只有13字也是這個緣故。

CHECK!

1. 長文要設定目次
2. 目次的項目不要過於瑣碎

網站設計與易用性的概念

孤芳自賞或者很難看懂的網站設計只不過是一種自我滿足而已。網站一定要採用多數的用戶都能自然接受的設計。

選用人人都能接受的設計

設計與操作方法都有一套人人可以自然接受的形式（定律），有些精簡的設計已經在潛移默化中讓用戶習慣成自然了，不過還是有人會用一些標新立異或者很突兀的網站設計。

特立獨行的設計在藝術的世界也許可以被接受，但是一般人會難以消化。也許用戶的喜好會隨著時代改變，某些設計未來可能會變成人人都能接受，但是這不是你要考慮的事，這是設計師的工作。

純粹為了自我滿足的設計會提升用戶立刻離開的可能性，留意什麼是「能自然被接受的形式」，使用人人都喜愛的設計是防止用戶立刻離開的重點。

易用性也和設計一樣，要是不被接受或者很難用就會成為用戶立刻離開的因素。易用性很差的例子包括按下圖片卻無法連結到網頁、看不出選單欄藏在哪裡等。易用性不是以自己為標準，而是要符合網頁業界的標準，建議一定要讓身邊的人實際操作，確認易用性好還是不好。

Chapter_1
Chapter_2
Chapter_3
Chapter_4
Chapter_5
Chapter_6

23

什麼是理想的網站結構？

要成為足以存活超過十年的網站，最終的目標是什麼呢？其實就是讓造訪到達頁面（Landing Page）的用戶將你的首頁加入我的最愛，反覆造訪你的網站。

輕鬆從首頁抵達目標網頁

如果能寫出網路上沒有的文章，就可以輕鬆得到高排名；不過近年資訊氾濫，已經不是過去那個對手很少的時代了。對手一多當然就很難得到高排名，我們也很容易可以想像，在未來要得到高排名只會越來越難。

如今這個時代，純粹只是寫出好文章也無法輕易提升搜尋排名，只以文章本身取勝未來已經很難倖存了，而且還會落入你追我跑、你跑我追的惡性循環中，永遠無法脫身。

同時你必須要一直修改內容（重寫或增補），網站永遠無法穩定下來。

想把來自搜尋的用戶變成回訪客就必須最佳化整體網站，打造出便於用戶瀏覽的網站，也因此讓用戶可以從首頁**輕鬆抵達目標網頁的網站結構**就會是很重要的一種設計。

理念或是結構
傑出的網站
才能在未來生存

「今天寫了1萬字的文章！」、「網站的文章已經有1000頁了！」。
如果只用字數或頁數跟別人比，只會讓自己疲於奔命而已，現在的時
代，這種純粹只是量產字數過多的文章已經行不通了。

徹底轉換只用文章取勝的思維

有時候會聽到「文章字數要比對手多」的這種方法，可是如果所
有人都採取了這個方法，總有一天也會變得不再管用。就算你寫的文
章得到第一名，只要對手看到了、分析你的網站，想當然對手總有一
天會超前於你。

如今量產SEO強的文章這種方法已經有其極限，單憑優質的文章
想要生存下去只會越來越難。在前面幾個章節講完了網站的理念（根
本的概念與思維），接下來的內容會具體地說明什麼是搜尋表現強的
網站結構。

從外部很難一眼看穿整個網站的結構，不過重新檢視自己的網站
結構就可以製作搜尋表現強的網站內容，做出差異化。如果希望網站
能夠存活下去，最好徹底轉換只用文章取勝的思維。

Chapter_1
Chapter_2
Chapter_3
Chapter_4
Chapter_5
Chapter_6

以搜尋表現強的網站結構為目標

　　搜尋引擎是以「集合圖」的方式理解網站內容的優劣。經過結構最佳化的網站最大特徵在於不只用戶喜歡，網路爬蟲也能在網站內順暢來去，Google建立索引的速度也很快，SEO就會很強。「善用內部連結」也是在指「網站結構（連結結構）」。

　　網站結構的三種代表類型是「樹狀結構」、「網狀結構」和「線性結構」（圖3-7）。不過很難一概而論說哪一種結構比較利於SEO，只要根據易用性（網站好操作的程度）與可尋性（資訊好找的程度）決定好結構，用戶的評價就會提升，排名也會跟著提升。

　　「樹狀結構」取自樹幹長出樹枝，樹枝又岔出樹葉的模樣。一個網頁內容會分成數根枝條（內容），而且層級可以不斷向下延伸。順帶一提，每個網頁內容都會變差不多強的是網狀結構，這種結構的內

┃圖3-7／選擇網站結構要採用哪一種雛形

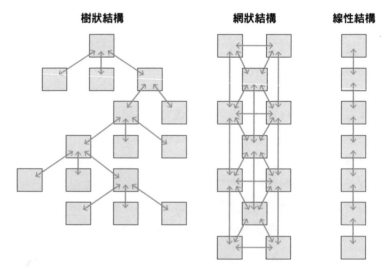

※出處：in the looop（http://ch.nicovideo.jp/itl/blomaga/ar3959）

部連結貼得像蜘蛛網一樣，不管爬蟲從哪個內容進來都可以很有效率地爬完整個網站內部。

網狀結構的弱點

不過網狀結構有兩個弱點。

第一是可尋性不佳，當文章越多，要找到目標網頁就越困難。照理說用戶能夠從到達頁面順利找到目標網頁的結構才是比較理想的。

第二是所有網頁的連結結構都很類似，因此無法準確讓Google知道哪一個網頁內容重要、應該要優先。

補充說明，SEO最差的是線性結構，這也是爬蟲最不好爬的連結結構。爬蟲一次能爬的網頁數量不但有限，而且要一層一層往下爬，所以連結結構越深被爬到的機率越低；而且要是中途有外部連結，爬蟲還可能會離開網站不再爬下去。不過這種線性結構非常適合只需要「前進」與「返回」的讀物類、新聞類網站，「每個使用者的工作階段數」通常也會比較多。

CHECK!

1. 以網站結構而非文章取勝
2. 選擇適合網站主題的網站結構

Chapter_1

Chapter_2

Chapter_3

Chapter_4

Chapter_5

Chapter_6

什麼是混合結構？

前一節介紹的是三種相當廣為人知的有名結構類型，接下來要說明的是擷取三種類型優點的「混合結構」。混合結構的基礎是樹狀結構，再混合網狀結構與線性結構，擷取三種類型各自的優點，所以SEO強，又能夠吸引穩定的點閱數，是個相當理想的結構。只要建立讓下層文章頁豐富的「統整頁（分類頁）」，就能夠精準回應以複數詞搜尋的用戶需求，打造出搜尋表現強的網站。

發揮三種結構的長處

　　接下來我會具體說明要如何設計出混合結構，先假設我要架設一個主題是「杉並區的公園」的網站。

　　我在「選題方法篇」中也說明過，主題要有一定的用戶數量，而且網頁內容數不能過多（完成時間不要太久）。要是選「日本的公園」或「東京都內的公園」，想必網站永遠不會有完成的一天；網站內容豐富是獲得回訪客的一大重點，最好要避免用戶好不容易造訪了網站，卻因為資訊不足又離開的情況。

　　如果真的想介紹都內的所有公園，建議可以取得新網域進行橫向發展，因為這樣一來每個網站的首頁都可以用「區名＋公園」當關鍵字，可以霸占搜尋排名，也更容易吸引點閱數。初學者常犯的錯誤就是**直接把下層網頁內容放在首頁的下一層**，把大量的「公園」文章頁放在下層網頁就會形成圖3-8的結構。

　　你可能會覺得第一層就放文章頁的內部連結，Google評價也會

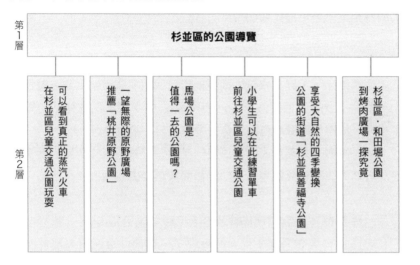

▌圖3-8／初學者常犯的錯誤結構設計

第1層　**杉並區的公園導覽**

第2層
- 可以看到真正的蒸汽火車 在杉並區兒童交通公園玩耍
- 一望無際的原野廣場 推薦「桃井原野公園」
- 馬場公園是 值得一去的公園嗎？
- 小學生可以在此練智單車 前往杉並區兒童交通公園
- 享受大自然的四季變換 公園的街道「杉並區善福寺公園」
- 杉並區‧和田堀公園 到烤肉廣場一探究竟

比較高；但是文章數一多，以關鍵字「杉並區＋公園」搜尋來到首頁的用戶，會因為找不到自己需要的資訊而離開，也就是說這會造成跳出率上升。用戶立刻離開，網站也無法得到肯定，搜尋排名就很難往上爬了。

這種結構最大的弱點就是SEO表現不佳，看圖就會知道，首頁和各個網頁的關鍵字都多有重複。

具體來說，東京杉並區「馬橋公園」和「善福寺公園」中的遊樂設施、廣場、烤肉等設備都很相像，一寫成文章就會發現兩篇的內容大同小異，關鍵字也重複了。

同一個網站、同一個關鍵字的網頁內容要在搜尋結果都顯示出來並不容易，Google會先判斷其中的優劣之後，顯示出對用戶有意義的那一個。

現在的演算法是如果有數個關鍵字重複的網頁，能夠得到高排名只會有一個，數個網頁同時得到高排名是很難的。不過因為演算法的

更新很頻繁，未來未必會和現在一樣，只是就目前來說，同一個網站內的關鍵字不要重複比較明智。

　　如果是混合結構，就可以建立統整頁（分類頁）並設定搜尋數多的主要關鍵字，下層文章頁中則要使用這個主要關鍵字，並在統整頁中大量貼上文章頁的連結。Google會認為貼上很多內部連結的網頁很重要，統整頁的SEO自然就會在搜尋表現上變得更好。

　　補充說明，分類頁或統整頁指的是這些分類下層文章頁的目次網頁（分類頁與統整頁的差異和功能後面會再詳細說明）。

　　已經有很多人寫過與剛剛圖3-8「杉並區公園介紹」網站中的「杉並區的善福寺公園」相同的內容了，這種文章任何人都寫得出來，如果只以文章品質取勝，就會不斷地你追我、我追你，點閱數也不會穩定。也因此，採用混合結構，強化統整頁的SEO就是讓網站存活十年的重點。

　　圖3-9的統整頁（分類頁）是放在第二層，不過其實在第三或第四層也無妨。只是說網頁階層是越上層越高，**建構內部連結時注意網站的階層**會是在搜尋引擎中提升網站重要度的最大重點。透過這個方法，下層網頁也可以用和首頁相同的主要關鍵字得到高排名。

　　只有一點要注意，統整頁（分類頁）中貼上內部連結時，一定要確認所有貼了連結的網頁與連結網頁本身的內容（關鍵字）是有關係的；相連內容的關鍵字如果有所出入，不管貼了多少內部連結效果都會很小。

　　搜尋排名是比較出來的，要是對手網站的統整頁（分類頁）有許多優質的下層網頁，你的排名就會下滑。

　　請見圖3-10。這個網站的主題是東京拉麵店，採用的是混合結構。看到這張圖可能會覺得「混合結構不就是樹狀結構嗎」，兩者就差在混合結構的統整頁（分類頁）可以無限增生。

Chapter_1

Chapter_2

Chapter_3

Chapter_4

Chapter_5

Chapter_6

▍圖3-9／混合結構

混合結構

一般的樹狀結構是樹狀的，混合結構只有三層（某些主題可能會到四層），因此第二或第三層的統整頁（分類頁）變多了之後，會像是橄欖一樣的橢圓形。

圖3-11是在剛剛的「東京 拉麵」網站中新增一個「東京都內 天下一品」統整頁（分類頁）之後形成的結構圖，相信這樣應該可以看出來不需要增加文章頁，也可以新增一個網站內容。

同一個網站內可以擠進排名的文章頁有限，不過混合結構的統整頁（分類頁）會擠進排名之列，所以只要網羅所有的文章頁，抓出關鍵字，每個關鍵字都新增一個下層的統整頁（分類頁），就可以做出許多SEO表現強的網頁內容了。

要是只靠文章內容取勝，只要對手研究你的網站，總有一天會被超越。優質文章指的是有許多網頁內容支持，也就是反向連結很多的網頁內容。製作與統整頁（分類頁）相關的文章頁、精準貼上內部連結才能從以文章取勝的世界中踏出一步。

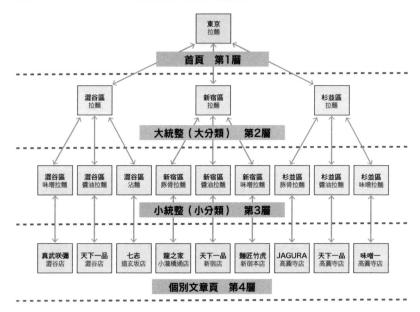

▐圖3-10／「東京 拉麵」網站的混合結構圖

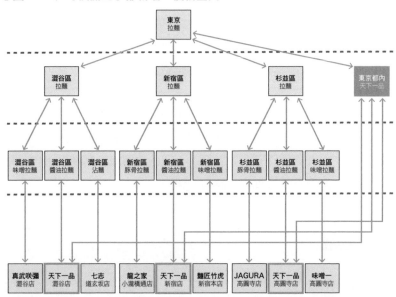

▐圖3-11／每個關鍵字都新增一個統整頁

Chapter_1

Chapter_2

Chapter_3

Chapter_4

Chapter_5

Chapter_6

分類頁和統整頁的差別是什麼？

一般來說，分類頁和統整頁的連結結構相同，因此外觀雖然不一樣，在網站內的功能是一樣的，兩者都是入口網頁（Doorway Page）。把下層文章頁集中起來統整成類似讀物的是「統整頁」，把下層文章頁精簡地整理起來便於利用的是「分類頁」，分類頁指的是圖3-12這樣的網頁。

分類頁的優點在於下層頁整理得很簡潔，能夠讓用戶很直覺地迅速找到想要的文章；缺點則是文字比統整頁少，所以SEO也比較弱。

▌圖3-12／分類頁的例子

參考網站：わらしべ暮らしのブログ（https://warashibe.info/blog/archive/category/cat27/czech/）

▍圖3-13／統整頁的例子

參考網站：わらしべ暮らしのブログ（https://warashibe.info/blog/archive/2018/06/bonne-kitchengoods.html）

　　而統整頁指的是圖3-13這種網頁，優點是文章頁內容不只訴諸圖像，還會以文字詳盡地傳達給用戶。而且如果有說明下層文章的內容，就能減少無謂的點擊、降低跳出率、提升單次工作階段頁數，這是最適合提升易用性的網頁。

　　缺點是倘若過於在意SEO而增加過多字數，用戶可能會需要更多時間才能找到需要的資訊，導致離開率增加。此外，如果沒有每個文章頁的導言都抓住重點寫，這些網頁內容的易用性就會變差，要特別注意。

Chapter_1

Chapter_2

Chapter_3

Chapter_4

Chapter_5

Chapter_6

　　如果你已經先套用部落格的固定模板，或者即便你在考量結構前已經先寫了大量的文章，由於「統整頁」是集結下層文章頁的網頁，所以在事後也可以輕鬆建立。

混合結構的關鍵字設定法

　　為什麼混合結構的網頁內容排名容易上升而比較穩定呢？接下來我會具體說明理由。

　　以混合結構建立網站時，要注意**一定要讓網頁內容間的關鍵字有關係**，請見圖3-14。

　　假設在首頁中想得到高排名的關鍵字是「杉並區 公園」，首頁下面第二層的統整頁（分類頁）各標題都有「杉並區 公園」這個關鍵字，第三層也一樣都有「杉並區 公園」。

　　網站內的所有網頁標題都有首頁的這個關鍵字，這個網站就會被視為在寫杉並區公園的網站。

　　如果要讓第二層統整頁（分類頁）的關鍵字得到高排名，第三層文章頁的標題就要有同樣的關鍵字，想讓圖3-14表中第二層「介紹杉並區可以玩水的公園！」的關鍵字得到高排名，只要下層頁的標題中有「玩水」和「公園」就可以了。

　　「介紹杉並區可以玩水的公園！」的網頁與下層各公園文章產生關係，並且互有內部連結，在輸入「玩水」和「公園」這組關鍵字時，Google就會把「介紹杉並區可以玩水的公園！」頁面視為這個網站中最重要的網頁。

　　這裡要特別注意，標題和內文之間一定要有關係，如果只是單純把關鍵字放進標題裡，你的網頁內容也不會受到肯定。

圖3-14／混合結構的關鍵字設定法

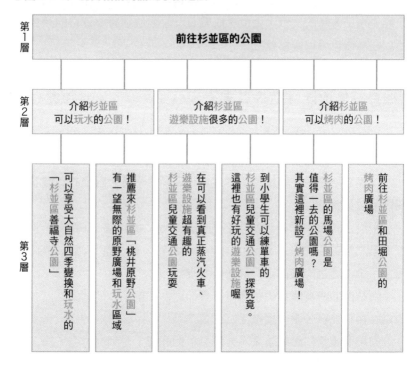

第1層　前往杉並區的公園

第2層　介紹杉並區可以玩水的公園！　介紹杉並區遊樂設施很多的公園！　介紹杉並區可以烤肉的公園！

第3層
可以享受大自然四季變換和玩水的「杉並區善福寺公園」
推薦來杉並區「桃井原野公園」有一望無際的原野廣場和玩水區域
杉並區兒童交通公園玩耍
在可以看到真正蒸汽火車、遊樂設施超有趣的
這裡也有好玩的遊樂設施喔
到小學生可以練單車的杉並區兒童交通公園一探究竟。
其實這裡新設了烤肉廣場！
杉並區的馬場公園是值得一去的公園嗎？
前往杉並區和田堀公園的烤肉廣場

混合結構總整理

混合結構的統整頁（分類頁）一定要連結到自己網站內的文章，這是必要條件。如果連的是外部連結，Google可能會判斷這只是單純的入口網頁。

有的人會在完成下層頁後隨便建立統整頁（分類頁），這樣一來事後要更改網站結構又必須浪費勞力。在建立網站前如果先規劃好統整頁（分類頁），就能更順利完成；初學者也許無法準確做好統整頁（分類頁）的分類，建議可以同時使用Google的建議關鍵字或相關搜尋關鍵字製作，假設搜尋「杉並區 公園」會顯示出圖3-15的相關搜尋關鍵字。

Chapter_1

Chapter_2

Chapter_3

Chapter_4

Chapter_5

Chapter_6

▌圖3-15／混合結構的關鍵字設定法

杉並區 公園相關的搜尋關鍵字

杉並區 公園 推薦	杉並區 公園 遊樂設施很多
杉並區 公園 活動	杉並區 公園 野餐
杉並區 公園 運動設施	杉並區 公園 玩水 期間
杉並區 公園 遊樂設施	杉並區 公園 攝影
杉並區 公園 玩水	杉並區 公園 雲梯

　　這些就是常常與「杉並區 公園」同時被搜尋的相關關鍵字，根據這些關鍵字取分類名，就會更容易吸引點閱數。不是用現有的關鍵字去寫文章，而是要製作重要性高的統整頁（分類頁）。

　　不過對手也會看到建議關鍵字，所以如果要做出獨創性的內容，在你抓到訣竅、習慣怎麼做之後就要學著自己分類，不要再參考建議關鍵字。

　　統整頁（分類頁）不單單只是給人類看的目次頁或連結匯集頁，透過這一頁中搜尋數多（人數多）的關鍵字就可以得到高排名，是非常強而有力的網頁。

　　如果能用心建立與文章頁和主題相關的統整頁（分類頁），你就可以得到十年後也穩定的點閱數。

CHECK!

1. 透過混合結構讓統整頁得到高排名
2. 各個網頁之間要用有關連的關鍵字
3. 在建立網站前就要計畫好網站結構

建立存活超過十年的 AdSense網站

想要建立能存活超過十年的網站，一定需要設計出能夠避免用戶立刻離開的網站結構。因此統一網站的格式、提升易用性就會相當重要，建議你決定好各網頁內容的共通格式，以建立用戶不會覺得突兀的網站為目標。

統一網站內的格式

如果每個網頁內容的格式不一，可能造成易用性下降、用戶立刻離開。以下有一些格式不一的例子：

· **每個網頁的字型和大小都不一樣**
· **每個網頁的版面都不一樣**
· **圖片的連結時有時無**
· **有的網頁有側欄或選單欄，有的沒有**

此外，如果自行採用一些不通行的格式，用戶也會認為易用性差，需要特別注意。

好比說連結文字選擇黃色（一般是藍色）。最理想的網站就是像智慧型手機一樣，沒有說明書也可以憑直覺操作。

設定各網頁內容關鍵字的基本原則

先根據標題的主要關鍵字選出各式各樣的關鍵字，之後再製作內容。此時選出的單詞一定要分成「共現字」與「相關字」並留下筆

記，只要把這些單字妥善分散到「標題」、「小標」、「文章」之中，就能提升各個網頁的搜尋排名。

共現字指的是與主要關鍵字關係緊密、時常一起被使用的詞，主要關鍵字的共現字不會只有一個；而「相關字」又稱為「建議關鍵字」，是時常與主要關鍵字一併被搜尋的關鍵字。在搜尋引擎中輸入主要關鍵字時，搜尋欄位下方會跳出來，也就是所謂的輸入候補字。

在之後的章節會再說明如何有效使用共現字與相關字，不過共現字和相關字在各個網頁中有固定使用的地方，建議要善加使用這些關鍵字製作網頁內容。

製作首頁的基本原則

首頁比較接近目次，而不是封面。首頁的最低條件是要網羅所有首頁下層的統整頁（分類頁），讓人能順利從首頁抵達目標網頁。

如果是資訊類網站，首頁就更需要讓人一目瞭然，因為從首頁進入的用戶主要會是回訪客而不是來自搜尋的用戶，只要放上統整頁（分類頁）的連結就夠了。如果為了讓新用戶讀很多文章而大量貼上個別文章的連結，就變成會讓回訪客很難操作。

理想的分類顯示範圍，電腦網頁是2畫面內，手機網頁則是5畫面內。因為電腦網頁的捲動工作很惱人，手機網頁可以滑動，操作起來相對簡單，所以畫面多一點也不成問題。

首頁的頁首可以善用一些與形象相符的圖片，讓人一看就能判斷網站內有什麼樣的資訊。

通往統整頁（分類頁）的連結就用與該網頁相符的圖片，並添加引文（10～20字），同時使用連結文字也沒有問題，還可以加入alt屬性（圖片替代文字）當作圖片搜尋的對策。將連結文字加進小標的標籤當作一般搜尋的策略。

至於小標標籤的順序，只要先考慮文章的結構，再依重要度標出

h2→h3→h4→h5→h6就可以了。小標標籤的h1可以使用網站標題或網頁標題，在各頁都只用一次，其他小標標籤就先把文章分段落（章）當作段落標題，在網頁內可以使用很多次。

圖片這方面，檔案大的圖片不改大小的話顯示速度會變慢，造成用戶的壓力，所以可以透過壓縮或者載入外部檔案等方法，用些技巧讓顯示速度不要受到阻撓。如果你選的主題不在乎圖片畫質的話，可以狠下心來縮小檔案尺寸。

理想的首頁設計是像圖3-16，這個網站是來我的工作坊聽課的學員製作的。

看起來怎麼樣呢？你不覺得用戶來到這個網站的瞬間，就可以理解網站的主題是養貓方法嗎？

將首頁做得很簡單是基於八秒定理，目的是防止用戶離開。所謂

▌圖3-16／理想首頁的範例

※參考網站：ねこるす（https://necorusu.com/）

Chapter_1

Chapter_2

Chapter_3

Chapter_4

Chapter_5

Chapter_6

的八秒定理是出自1999年美國的Zona Research公司發表的調查報告「用戶造訪一個網站八秒之後就會離開」（現在的網速已經高速化，所以又稱六秒定理或三秒定理）。

首頁不需要以長文或簡介的方式說明這個網站，因為如果是混合結構，搜尋用戶的入口主要會是下層的「統整頁」和「文章頁」，首頁應該是回訪客用的入口才對。對回訪客來說，網站的說明只要讀一次就很夠了，不需要反覆再讀，因此首頁還不如將易用性擺在第一位，讓人覺得不管來幾次都很好用。

詳細的網站內容說明或經營者簡介可以另開一頁說明；不過如果一定要在首頁說明這是個什麼網站時，文字就要精簡好懂，小心不要把網頁內容都擠到下方去了。

在首頁貼上AdSense廣告的注意點

首頁講起來其實就是網站的門面，是指引用戶前往網站內各個網頁的重要導航，因此AdSense廣告的配置重點就是不要阻礙用戶的動線。**基本上首頁是全網站中回訪客比例最高、AdSense廣告也很少會被點擊的網頁。**

如果是採用混合結構，來自搜尋的新用戶也會從文章頁來到首頁，所以我會把廣告貼在網頁內容下方，以比較自然的形式配置。我會希望來自文章頁的用戶下一步就將網站加入書籤或我的最愛，不能讓他們點擊廣告離開網站。

我認為首頁可以以回訪客為重，就算沒有AdSense廣告也無妨，因為回訪客已經造訪網站很多次了，就算把廣告貼得很自然，他們也知道這是廣告。而且對新用戶來說，首頁不是滿足他們需求的網頁（離開頁），幾乎對收益不會有什麼影響。

製作首頁的基本原則總整理

首頁應該要像圖3-17一樣,做得「簡單」、「易讀」、「好用」。簡單來說就像是手機的主畫面,以前的手機各個廠商或機種的用法都不一樣,必須讀了厚厚的說明書才能學會怎麼操作,不過大多數的智慧型手機都可以憑直覺來操作。

也許有人會擔心「首頁的字數少,會不會讓看的人覺得有點空虛,SEO也變弱呢」。不過混合結構的目的在於用下層頁吸引大量用戶,讓他們變成回訪客,**沒必要強化首頁的SEO吸引用戶**,所以不成問題。

首頁是網站的門面,是很重要的頁面,所以更要小心不能過度在意SEO讓首頁變成長文而雜亂無章,這是基本中的基本。別忘記九成的回訪客是從網站首頁來,九成的新用戶則是來自首頁以外的網頁。

製作統整頁(分類頁)的基本原則

統整頁(分類頁)的功能與首頁相同,你可以將首頁定位為網站內所有統整頁(分類頁)的一覽,而統整頁(分類頁)是**依主題分類的文章頁一覽**。

統整頁(分類頁)的網頁標題一定要大量使用用戶可能會搜尋的關鍵字,與首頁的連結文字也一定要一致。標題的前半最好用會被搜尋的關鍵字,而且要短;如果標題一定會變得很長的話,就要加入主要關鍵字和共現字。

共現字指的是常常與某個單字(主要關鍵字)一起被使用、有特定關連的單字。

Chapter_1
Chapter_2
Chapter_3
Chapter_4
Chapter_5
Chapter_6

▌圖3-17／「簡單」、「易讀」、「好用」

※參考網站：初ヨガ！ダイエットしよう（https://hatuyoga.com）

　　舉例來說如果只有日文的「くも（kumo）」，Google不知道指的是「雲」還是「蜘蛛」（發音都相同）；Google要從周遭的共現字分析「這是在寫什麼」，才能理解這個單字的意思。要是寫「殺くも」、「抓くも」，就知道是「蜘蛛」，要是寫くも在天上飄，就知道是「雲」。

　　統整頁（分類頁）一定要與整體主題有關連，而且要使用整體網站共通的主要關鍵字或是同義字（有關連的標題範例：到水前寺公園（杉並區）玩水！－杉並區可以玩水的公園大集合！－杉並區的公園介紹）。

　　統整頁（分類頁）的分類對網站的易用性會有非常大的影響。每個大分類，或者某些情況下，每個小分類都要將下層網頁內容進行簡單易懂、大小適中的分類。

- **大分類**……統整頁（分類頁）、全球導航
- **小分類**……統整頁（分類頁）以下還需要分類時使用

搜尋引擎是以「集合圖」的方式理解網頁內容，如果能把各個網頁內容中的關鍵字都連結在一起，彼此的SEO通常也都會更強。首頁的主要關鍵字如果和下層頁的主要關鍵字相同，就可以與用複數字搜尋的明確需求吻合了。

無論是人或搜尋引擎，在眾多沒有分類的內容（資訊）中要立刻找出重要網頁都需要一樣的勞力。如果能把網站內容依照一定規則正確分類，就能讓人更清楚掌握網站整體的模樣，而且上下網頁有關連的話，個別網頁的評價也會變高。

統整頁（分類頁）的分類方法

分類都要在一開始就想好，不過建立網站的初期階段，只要先根據重要度依序新增最必要的部分就可以了。因為初期階段若是處於分類過多，卻都還沒有內容物的狀態會讓用戶產生壓力。要是點擊了圖片卻沒有連結到其他頁面，你會不會很心急？等到重要度高又不可或缺的分類已經有一定內容物之後，再新增重要度低的分類就好。

什麼是不可或缺的重要分類？

不可或缺的重要分類指的是戶造訪網站進行操作時不能沒有的內容。完成網站的所有內容需要很多的時間，所以最好能把多數用戶都想知道的資訊列出優先順序，從最重要的先開始製作。

舉杉並區公園的網站（圖3-14）為例，表中有「可以玩水的公園」、「遊樂設施很多的公園」、「可以烤肉的公園」等分類。如果在建立網站的季節是秋天，優先順序就是①「遊樂設施很多的公

園」、②「可以烤肉的公園」、③「可以玩水的公園」，沒有人會在冬天玩水吧？所以你也可以這樣想：**優先度＝需求高的東西。**

Chapter_1

Chapter_2

Chapter_3

Chapter_4

Chapter_5

Chapter_6

▌圖3-14（沿用前圖）／混合結構的關鍵字設定法

統整頁（分類頁）的數量？

一個統整頁（分類頁）介紹的文章要經過分類，文章數最好壓在10～20篇。介紹的文章數如果過多，可視性與易用性就會變差，也會造成用戶立刻離開。

分割統整頁（分類頁）時可以用相近但不同的關鍵字，不要讓各個網頁的標題或內文重複；要是一個統整頁（分類頁）要介紹的文章數太多，可以插入目次簡單分類，讓用戶一目瞭然。

如何取統整頁（分類頁）的標題？

分類名中要有能夠當作搜尋提問與答案的關鍵字，也要能夠吸引用戶的興趣。這麼一來，不但在SEO上有利，搜尋用戶也會從搜尋結果出現的網站中選出更接近理想答案的網站，這是一種行為心理。

標題要使用的關鍵字，不是根據建議關鍵字或關鍵字規劃工具來選；要先站在用戶的立場，**自己動腦思考要用哪一個關鍵字**。關鍵字規劃工具或建議關鍵字是任何人都能使用的工具，只要用了等於勢必要與對手競爭，就會落入競爭的世界裡。自己動腦思考有時候反而會發現意外少見的關鍵字，所以試著找出無人知曉、只有你能發現的關鍵字吧！

找出建議關鍵字中沒有，但是搜尋數量多的東西就是讓你能夠穩定獲利超過十年的重要心法。不過找到了少見關鍵字之後，一定要確認這個關鍵字的每月搜尋數，不管再怎麼少見，要是沒有任何人會搜尋就無法吸引到點閱數。

在統整頁貼AdSense廣告的注意點

統整頁（分類頁）和首頁一樣算是下層網頁的目次，最大不同的地方在於造訪統整頁（分類頁）的用戶中，新用戶的比例很高；這是因為使用混合結構的情況下，搜尋排名高的網頁除了文章頁之外還有統整頁（分類頁）。

既然新用戶多，收益也容易提升，因此廣告數可以比首頁更多。基本的貼法與首頁相同，要盡量避免阻礙到用戶的動線，可以參考圖3-18，**以融入網頁的自然方式貼上**會讓更多人去點擊。

很多人在建立網站時不會事先計劃、設計，想到什麼就隨意決定要怎麼為統整頁（分類頁）分類，這種做法其實不太好。採用混合結構的話，一定要依照首頁→統整頁（分類頁）→文章頁的順序建立；

Chapter_1

Chapter_2

Chapter_3

Chapter_4

Chapter_5

Chapter_6

在習慣之前可能會很辛苦，不過如果要統一網站整體的縱向主題，這個順序是最好的。要是沒有計畫就寫好文章，這些文章往往會大幅偏離網站整體的主題。

分類頁的分類要在徹底調查完搜尋用戶想要的是什麼、追求的是什麼之後再決定。統整頁（分類頁）中的文章一定要與分類主題（關鍵字）有關連，絕對不能以「好像都可以，應該屬於這類吧」的方式模模糊糊地做決定。

▌圖3-18／統整頁（分類頁）的AdSense廣告最佳化

岡山県のおすすめ観光スポットまとめ

岡山・倉敷エリアの観光地は公共交通機関でも回りやすいところが多く、見どころがギュッと詰まっています。

昼間は江戸時代の歴史に触れつつ、岡山のフルーツをたっぷり使ったスイーツを楽しみ、夜は郷土料理に舌鼓という楽しみ方がお勧めですよ。

岡山県は、エリアが広く、車でないと観光が難しい地域も多いのですが、機会があれば蒜山高原をドライブしながら、ジャージー牛製品を使ったスイーツを食べたり、瀬戸内の美を巡ったりしながら、海の幸を楽しむ旅など、ぜひ様々な楽しみ方で岡山の魅力を堪能してください！

▶ 岡山県のおすすめホテル一覧へ

| いいね！ 0 | ツイート | B! 0 | LINEで送る |

伊勢に佇む　王朝浪漫の夢見宿　斎王の宮 ⓘ✕

19,440円〜
広告 楽天トラベル

もっと見る

製作文章頁的基本原則

你有沒有遇過這種情況？明明寫了優質的文章，停留時間卻沒有增加，或是搜尋排名提升的情況並不如預期？本書並不希望你在排名無法往上爬的時候去重寫或新增文章；你寫的文章沒有人看，可能不是單純因為內容不好，這個段落要說的就是一篇讓人讀完的文章有什麼製作上的基本原則。

如何取文章頁的標題？

網頁標題是搜尋結果中最醒目的部分，你必須明確告訴用戶「這裡有答案」，因此你的標題最好能組合使用搜尋關鍵字、相關字或共現字，**讓用戶就算不讀描述也可以理解文章的內容**。文章頁也和首頁、統整頁（分類頁）相同，顯示在搜尋結果的內容就已經要與其他網站一較高下了，搜尋結果顯示的標題與描述如果可以回答到用戶輸入的問題，搜尋用戶就會覺得裡面有寫著比他想知道的答案還更詳細的內容。

文章頁的標題與首頁、統整頁（分類頁）相同，最好能取光靠主要關鍵字就可以吸引用戶的那一種。如果希望在社群媒體上轉傳，也許就必須取一些更吸引人的標題，這種時候也要使用主要關鍵字的共現字，若是使用很多關連性低的單字反而只會弱化SEO，所以我不是很推薦。

我個人認為社群媒體吸引的大多都只是短暫的點閱數，如果你的目標是建立可以十年後還能存活的網站，**還是取一個以搜尋效果為重的標題比較好**（還有一招是先透過社群媒體瘋傳後再改標題，不過可能有造成反向連結效果消失，或者搜尋排名改變的結果，如果真的想嘗試，後果請自行負責）。

有些人會先寫文章再決定文章標題或小標，這樣做的話順序就顛倒了。依照文章標題與文章內小標寫文章可以避免主要關鍵字變得不明確，所以不應該是從文章想像關鍵字，而是要先決定關鍵字再緊扣關鍵字寫出文章。

接下來就來看一個實際上得到高排名的網站，並具體說明要怎麼取網頁標題比較好。圖3-19是搜尋「東京 拉麵」的結果，可以看到幾個得到高排名的網站標題中，都使用了用戶在搜尋欄位中輸入的關鍵字。

重點在於文章標題中要用到用戶想知道的答案（該網頁中最為重要的關鍵字），也就是說標題使用的關鍵字是「主要關鍵字」，也是文章內出現最多次的關鍵字。

不同於首頁或分類頁，文章頁必須具體設定用戶群（搜尋對象的類型）與關鍵字（主題），**將關鍵字篩選到最小單位**；關鍵字過大文章就會過於籠統、不夠具體，所以如果可以將關鍵字限縮到最小單位，就能寫出讓讀了該網頁的用戶100%滿意的具體內容。

看回剛剛「東京 拉麵」的搜尋結果，如果以這個關鍵字製作文章頁就會過於龐大，很難寫出讓用戶100%滿意的內容。想用這個關鍵字得到高排名必須仰賴統整頁（分類頁），如果想靠文章頁取勝，就要細分成「東京 拉麵 豚骨」或是「東京 拉麵 醬油」等。

如果真的要以「東京 拉麵」當作網站的主題來規劃的話，整體的網站結構應該會如下：首頁是「東京 拉麵」、大統整頁（大分類頁）是區域別的「澀谷 拉麵」、「新宿 拉麵」；小統整頁就以湯頭區分為「澀谷 豚骨拉麵」、「澀谷 醬油拉麵」，連結到上層的「澀谷 拉麵」統整頁（分類頁），「澀谷 醬油拉麵」分類的下層可以連結「天下一品澀谷店」的感想文章（圖3-10）。

Chapter_1

Chapter_2

Chapter_3

Chapter_4

Chapter_5

Chapter_6

↻　🔍　東京　ラーメン

東京のおすすめ ラーメン (拉麵) [食べログ] - 食べログ
https://tabelog.com › 東京 ▾
日本最大級のグルメサイト「食べログ」では、東京で人気のラーメン (拉麵)のお店 6660件を掲載
中。口コミやランキング、こだわり条件から失敗しないおすすめのお店が探せます。お探しのお店は
立川市・八王子市周辺に多く、特にラーメンのお店が多いです。

東京ラーメン - Wikipedia
https://ja.wikipedia.org/wiki/東京ラーメン ▾
東京ラーメン (とうきょうラーメン) は、「醬油ラーメン」の代表であり、日本のラーメンの原型と
なっている。多くの場合、和風だし、醬油タレ、中細縮れ中華麺が使用される。東京には数千の
ラーメン店があり、提供されるラーメンの味も多岐にわたる。

東京の美味しい ラーメン 屋を30店おすすめしてみる！（大幅に追記）-
iggy ...
https://www.iggy.tokyo › Food ▾
3 日前 - 今回は東京の美味しいラーメン屋を色々おすすめしてみようと思います。紹介するのは、全
て実際に行ったことのあるお店で美味しいと思ったとこをピックアップしています。実はラーメン
が大好きで、一時期かなりのペースで食べていました。

東京ラーメン ストリート | 東京駅一番街
https://www.tokyoeki-1bangai.co.jp/street/ramen ▾
笑顔と魅力あふれる街、東京駅一番街。東京駅八重洲口に直結。和菓子・洋菓子・テレビやアニメに
ちなんだキャラクターグッズなどの東京みやげから、飲食・喫茶・ファッション・雑貨など、バラ
エティーに富んだお店が集結している街です。おいしいラーメン ...

寫摘要的基本原則

　　第一畫面中插入摘要是一個可以緊緊抓住用戶的心、讓他們把文章讀完的技巧。也許只要把你的文章讀完，搜尋用戶就能判斷這篇文章能不能回答他們的問題；但是既然有所謂的八秒定理，「讀完文章就知道」的這種做法，不但很難讓用戶長時間停留，甚至可能讓他們立刻離開。也因此就需要有簡潔明瞭的摘要，讓用戶在造訪網站的八秒內了解網頁內容，緊緊抓住他們的心。

　　如果為了避免用戶離開，在文章中只簡單提供一個答案，又會因為資訊不足或不夠完整而讓用戶不滿意。因此我會建議**寫出整篇文章的摘要安插在標題之下（第一畫面），讓用戶產生「我想繼續讀下去，了解更多詳情」的心理。**

Chapter_1

Chapter_2

Chapter_3

Chapter_4

Chapter_5

Chapter_6

　　造訪網站的新用戶絕大多數是來自搜尋結果，而且大多又是從下層網頁進來的，此時他們對你是全然不信任的，在不信任的狀態下要讓用戶繼續讀下去，就必須技巧性地透過摘要抓住用戶的心，讓他們「想要讀更多」。

　　摘要是一篇文章的門面，也等同於一篇故事的開場，此時能不能引人入勝就是影響用戶會不會讀到最後的分歧點。

▌圖3-10（沿用前圖）／以「東京 拉麵」為主題的網站設計

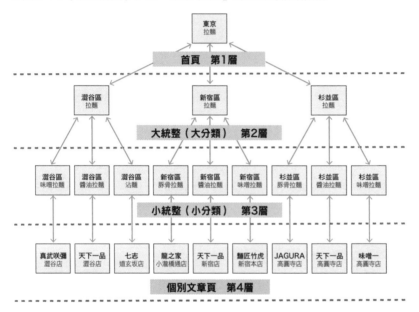

如何寫出抓住人心的摘要？

寫摘要的重點在於必須讓用戶在閱讀文章前簡單了解文章內容，功能相當於小說的「故事概要」。你可以檢查一下摘要是否符合「緊扣主題」、「文字簡潔」、「涵蓋整篇文章的內容」等條件。

通常在寫完文章後才有辦法順利寫出摘要，若還沒習慣可以等文章完成之後再寫無妨。摘要會為整篇文章定調，是相當重要的部分，建議要花些時間慢慢寫。

接著我會談在寫文章整體的摘要時必須注意什麼地方。

摘要必須大量使用文章中所有用上小標標籤的次要關鍵字，這是為了讓來自搜尋的用戶可以立刻理解這篇文章內有他們想要的答案。要是他們在第一畫面就知道文章內有想找的答案，繼續讀下去的機率也會提升。

<head>~</head>的描述標籤也一樣，如果描述中有使用「各個小標標籤用上的關鍵字」，就可以預防你的描述內容被搜尋引擎擅自最佳化。

▍圖3-20／讓人知道文章內有答案

文章分段與定小標的基本原則

生手在寫長篇文章時，往往會寫得讓人讀不出主旨是什麼；所以將文章分章節、分成小段落是讓用戶容易閱讀的一個方法。

接下來，我會詳細說明章節小標的寫法與摘要的統整法。小標是以極精簡的方式表達該章或該節的內容，在不利於讀長文的網路文章中具有很重要的功能。如果能訂出簡潔又明確的小標，**用戶不需要讀文章也能立刻知道**「這一章在寫些什麼」。

也許有些人並不是很喜歡小標這種只寫出結論的東西，但是用戶並不會閱讀所有的文章，很多人只是想知道他們需要的資訊而已，因此必須要加上小標讓他們一瀏覽就能知道大意。

小標不是在寫完文章後才訂的，建議在寫文章前「訂定章節」時就先決定好。「訂定章節」就是為章節訂標題、清單化的行為。訂定完章節後才寫文章就可以涵蓋網站中所有的事項，也可以掌握網站結構，所以很推薦。

小標不要寫得太細，只要簡單寫出結論就可以了，這是用來滿足不想花時間、只想得到必要資訊的用戶。簡單歸簡單，但還是要能夠具體說明文章內容。

將小標寫得夠具體也是很重要的一件事。舉例來說，在「澀谷拉麵店」的網站中，「澀谷站附近好吃又便宜的拉麵店」這種小標太過於籠統，不會讓人想看下去；但是改成「推薦澀谷站徒步就能到的5間正宗醬油拉麵店！」的話如何呢？

就SEO來說，小標也應該要用到共現字等與主要關鍵字相關的關鍵字。據說共現字是Google在評斷一個特定網頁內容是否有專業性、資訊是否豐富的因素之一，因此善加使用共現字可以讓網頁內容在搜尋結果中得到高排名。

此外，小標也和主要關鍵字一樣，要使用搜尋量多的關鍵字；不

Chapter_1

Chapter_2

Chapter_3

Chapter_4

Chapter_5

Chapter_6

要用「這個」、「那個」這類代名詞，**每一個小標都要用上關鍵字。**

　　就算人類來看是一樣的意思，文字表現的差異也會讓搜尋量和搜尋結果有所不同。舉例來說，以關鍵字「サイフ」來搜尋時，會出現「您要找的是不是：財布」（錢包之意，與サイフ同音）。Google的網路爬蟲和搜尋演算法會自動跳出相關的搜尋詞、常見的拼錯字修正候補、常被搜尋的語句。

　　圖3-21就是Google的「您是不是要查」功能，如果是很明顯的

▌圖3-21／Google的「您是不是要查」功能

▌圖3-22／以「錢包」的三種日文標記搜尋的結果

錯誤就被自動變更成正確的關鍵字；如果是「サイフ」、「財布」這種表現法有很多的字，就會保留原字進行搜尋。

圖3-22是用「錢包」的三種日文標記去搜尋的結果，可以看出得到高排名的網站和Google廣告數量完全不一樣。同一個詞也會顯示出不同的內容，所以一定要確認過每月搜尋數與搜尋結果，小標就要使用搜尋數多、容易得到高排名的詞（一般常用的詞）。

文章要按照時間順序寫

如前所述，不要沒頭沒腦就開始寫文章，最好在訂定章節之後再下筆，這是為了能夠完全網羅到搜尋用戶想知道的資訊。

一篇簡潔易懂的文章也需要**按照時間順序來寫**，假如是要寫「釣鯛魚的方法」，順序就是「如何備齊工具」→「如何組釣具」→「如何掛餌」→「釣魚的訣竅」→「如何把魚新鮮帶回」→「Q&A」→「總結」。這種寫法順應人的行為與思維，能夠加深讀者的理解、讓人更容易具體想像。

文章要分章節，按照順序解決搜尋用戶的煩惱。每個章節也要加入小標和摘要，一般來說用戶不會從文章開頭讀起，他們會大致瀏覽找出自己想知道的資訊寫在哪裡，尋找的路徑就是「小標」→「摘要」→「正文」。要是他們必須花過多時間才能找到目標資訊，就可能導致他們離開網站，**妥善配置適當的小標與摘要**可以讓你的網頁內容更好用、更方便。

我認為讀一次就能理解的最多字數應該是2000字左右，沒有內容的冗贅長文會促使用戶離開，因此要注意文章字數是否適中。有些主題的文章就是會寫得比較長，此時可以在適當的段落進行切割（建立章或節），減少讀膩就後離開的用戶。我認為一個段落最適合的字數大約是400～600字，除了用小標，也可以插入圖片作為分段，讓用戶不會感到疲憊，繼續往下讀。

Chapter_1
Chapter_2
Chapter_3
Chapter_4
Chapter_5
Chapter_6

如果寫文章時可以分好章節、用心讓網站結構滿足用戶的需求，在一章的結束處就可以配置廣告。用戶可能文章讀到一半就離開了，不過他們的出口如果是廣告就可以增加AdSense的收益。

不要製作關鍵字重複的文章頁

要是建立網站的初期沒有先妥善規劃過，文章數越多，內容的管理就會越困難，其中最常發生的問題就是主題（關鍵字）重複。有些網站在規模變大、文章數也變多之後，不管寫了多少文章，點閱數也不會成正比增加。照理說文章越多，點閱數也該跟著文章數的增加而增加，不過「同一個網域內關鍵字重複的文章增加」就是造成這個現象的主因。

就算無心寫出重複的內容，Google還是可能會判斷這是類似的內容。關鍵字重複的文章越多，易用性就會越低，網站評價下滑的危險性也更高，需要特別注意。

基本上在同樣的網域中如果關鍵字相同，能得到高排名的網頁只會有一個（對手太弱時不在此限）。在一個網域中製作數個關鍵字（主題）相似的網頁內容不但對Google來說沒有意義，無謂增加網頁對用戶來說也是有弊無利。

在文章頁貼上AdSense廣告的注意點

接下來我會說明在文章頁要怎麼貼AdSense廣告才能使AdSense收益最佳化。聯盟行銷網站和AdSense網站的廣告貼法，和促使人點擊廣告的方法截然不同，這些基礎一定要銘記在心。

AdSense網站中，用戶最常在文章頁這種網頁中點擊廣告，因為文章頁有他們想知道的答案，讀完之後用戶會很滿意，也就是說他們

Chapter_1

Chapter_2

Chapter_3

Chapter_4

Chapter_5

Chapter_6

不會採取下一個行動（沒有獲得下一個資訊的需求）。

點擊廣告的用戶通常是時間相較之下比較充裕的人，如果他們正在進行一件事，在沒什麼時間的情況下往往不太會去點擊廣告。這也是為什麼查詢電車發車時間的網站，與遊戲攻略類網站的點擊率會比較低。

想提升AdSense的收益，就必須製作能提供用戶100%滿意答案的文章頁，而且選擇的不能是那種在某項活動的過程中需要查資料，查完後又會回去進行這項活動的主題，一定要掌握這兩個要點。

選用聯盟行銷就必須要有能力寫出用戶點擊廣告後進行申請（購買）的文章。不過選用AdSense就需要**技巧性地設計讓用戶自然去點擊廣告**。

一講到「設計讓用戶自然去點擊」可能有人會以為是「誤擊」，不過我指的「設計」不是在說誘導點擊。AdSense採取的機制是網站誤擊多，廣告單價就會被調降，誤導點擊反而會讓收益不增反減。

接下來就來依序看看有什麼樣的「設計」。

刻意建立離開點

在文章頁讓用戶點擊AdSense廣告離開網站是提升收益最重要的一個方法，因此廣告的位置會對收益造成極大的差異。在文章中間無意義地插入AdSense廣告是一大禁忌。

有一說是認為貼上AdSense廣告會讓用戶離開網頁、增加跳出率。不過我在SEO篇也說過了，如果有演算法會把跳出率低的內容視為優質內容，就不會有任何優質文章得到高排名了；因為一個網頁若有100%滿足來自搜尋用戶的答案，跳出率就會接近100%。重點在於要讓用戶結束這個網頁的工作階段，不要返回搜尋畫面。

當用戶在找到想要的答案前就點擊廣告離開，因為他們並不滿足網站的資訊，所以很有可能會返回原網站或者搜尋結果。要是願意返回原網站還好，如果看完廣告就返回搜尋結果點選其他網站，便可能

會讓你的排名下滑，這一點就必須特別注意。

想在AdSense獲得更多收益還有一個重要因素，就是**增加廣告數量**，所以很多人會想在文章中間貼廣告。讓用戶達成目的（找到想查的答案）後，點擊在文章中間貼廣告離開也是一個方法，也就是在章節之間做出「刻意的分段」。

每個章節都刻意做出離開點並貼上AdSense廣告，可以同時滿足用戶也可以提升收益。每個小標的回答一定都要寫進每個章節之中，這樣才能設計用戶離開，而且排名又不會下滑。

剛剛提到說假如是要寫「釣鯛魚的方法」，可以按照「如何備齊工具」、「如何組釣具」、「如何掛餌」、「釣魚的訣竅」、「如何把魚新鮮帶回」、「Q&A」、「總結」這些小標訂定出章節，採用這種每個章節都能解決一個問題的文章結構，在章節結束處就可以設置離開點。

我再具體說明一下，假設有個用戶以關鍵字「釣鯛魚 組釣具」搜尋，造訪了這個網站，前提就是「釣鯛魚」是文章標題用到的關鍵字，「組釣具」是小標用到的關鍵字，因此這個網頁得到高排名。用戶一造訪網站就會先點擊目次的「如何組釣具」，移動到文章頁。

如果文章中寫出讓他100%滿意的答案，接下來多數的用戶會採取的行動應該是「關閉瀏覽器」。此時要是「如何組釣具」章和「如何掛餌」章之間有AdSense廣告，就能讓他點擊廣告離開網站。

只有AdSense廣告當出口的文章頁最為理想

採用混合結構的專門主題網站有一個特色，就是每個人的工作階段數量很少，因為在這種結構中，文章下方會貼的內部連結只有上一層的統整頁（分類頁）與返回網站首頁的連結，連結之間的移動通常以縱向為主。

Chapter_1

Chapter_2

Chapter_3

Chapter_4

Chapter_5

Chapter_6

一般的網站結構會張貼的是橫向階層的連結（相關文章連結），目標是增加每人的工作階段量，不過AdSense網站的文章下方應該要貼上大量的AdSense廣告，出口就是廣告的這種結構最為理想。讓用戶點擊廣告離開網站的這種設計，就是提升收益的訣竅。

有人認為沒有相關文章的連結會提升跳出率，可是和有著數個動線的讀物類網站不同，資料查詢類的網站只需要一頁就能滿足用戶需求，動線也不會只有一種（每個用戶想知道的資訊不同）。所以就算在文章下方貼上相關連結，他們也未必會如你所願讀到最後。

混合結構之所以適合AdSense網站，除了是因為每人工作階段少也容易得到高排名，最大理由就是在於一個文章頁就可以滿足用戶。

如果想用文章頁取勝，你的主題一定會變得非常龐大（因為最近風行的長文SEO），結果你就得在一篇文章中寫出很多的答案。若是採用以統整頁（分類頁）取勝的混合結構，用戶可以從統整頁（分類頁）各自選擇需要的最小單位個別文章頁閱讀，讓前往文章頁的用戶一定都能看到想要的正確答案，因此文章頁出口只有AdSense廣告也不成問題。

CHECK!

1. 首頁與統整頁的功能相當於目次

2. 深思每個網頁中配置AdSense廣告的位置

3. 文章頁的出口可以多貼一些AdSense廣告

網頁公開後
必須檢查的事項

選定了首頁、統整頁（分類頁）、文章頁的標題和描述之後，一定要實際看看在搜尋結果中有沒有顯示出來。此外，也要用Google網站管理員（Google Search Console）確認「在Google搜尋上查詢後得到的搜尋結果」中，你鎖定的詞有沒有顯示出來，如果沒有顯示，你必須反覆重新讀過這一章改善你的網頁內容。

重寫（檢討與修改）

搜尋結果中有顯示出讓人想點擊的標題和描述嗎？吸睛的標題未必就等於想點擊的標題，顯示出的標題和描述讓人覺得「這篇文章有我想知道的答案」才是從搜尋結果**吸引眾多用戶的祕訣**。

如果你預期的標題和描述沒有顯示出來，代表主題與網頁內容之間的關連性有問題。文章有緊扣主題嗎？沒有偏離主題嗎？有用到被搜尋的詞嗎？建議可以針對這些問題進行檢討與修正（重寫）。

點擊率有可能會因為搜尋結果中顯示的描述而得到高於平均數值的結果，因此搜尋引擎的搜尋結果顯示的標題與描述非常重要，一定要確認描述欄的文字是否有如實顯示。

據說Google會任意更改搜尋結果的標題與描述，是為了讓用戶更能理解這些是與他們搜尋的詞相關的網頁，提升點擊率。乍聽之下好像是很方便的最佳化服務，但是換句話說，就代表網頁內的關鍵字與你設定的描述之間關連性可能很低。

如果被最佳化成與你設定不符的內容，你主要可以檢查「title標

籤是否太長」、「title與description有關嗎」、「title與description會不會塞太多關鍵字了」、「長長的網站名必須使用網站全體的關鍵字,但是所有網頁內容的title標籤都已經用上網站名了嗎」。

順帶一提,title標籤的問題點與改善點可以從Google網站管理員的「網站資訊主頁」或「網站訊息」確認。

新增網頁的優先順序?

在建立網站的時候,應該先從哪個網頁開始製作並讓爬蟲建立索引呢?

基本上應該要從容易吸引點閱數的文章(在設定的關鍵字中,每月搜尋量多的開始)開始新增,這是因為**數字有成長比較容易維持經營的動力。**

網站經營往往不能盡如人意,成功經驗少的人更容易時而有動力,有時又感到喪氣。在這種心理狀態下,有沒有「做出好成績」的信心會有非常大的差異。雖然我們不應該被數字牽著鼻子走,不過數字的成長也是讓我們真心感覺會順利的因素之一。

完成網站的訣竅

在最初的3～6個月內集中上傳文章是完成一個網站的訣竅。在網頁設定的關鍵字得到高排名之前,通常至少要花上半年～一年以上,這段期間來自搜尋的用戶是零,剛開始那種熱血沸騰的心情在零的狀態下很快就會冷卻。

在動力大減、每天看著「0」的狀態下,真的有辦法一直努力下去嗎?也不是說「打鐵要趁熱」,不過**最好能用一口氣衝到終點的心情來進行**,至少可以先設定要衝半年。

反過來想,在你的網頁擠上搜尋結果之前,正因為沒有任何用戶

Chapter_1

Chapter_2

Chapter_3

Chapter_4

Chapter_5

Chapter_6

會造訪網站，更要有效利用這段期間，按部就班充實自己的網站。半年過後就會漸漸有用戶從搜尋結果造訪，到時候如果網站內容不足，他們也不會滿意。

各個統整頁上傳文章的量要平均

我剛剛說過要先從能吸引點閱數的網頁開始公開，而且如果可以的話各個統整頁（分類頁）的文章量也要平均，建議不要集中一個主題寫，而是在每個統整頁（分類頁）數量平均、定期地更新（增加內部連結），讓分類頁可以更受肯定而得到好的排名。

這樣一來文章頁等網頁的長尾詞就會比較快被爬蟲發現，被發現是好事，但是也不要忘了透過長尾詞來吸引點閱數。我前面也說明過很多次了，長尾詞無法吸引到大量的點閱數，在你還在以文章頁取勝的時候無法吸引到穩定點閱數。

重要的是讓統整頁（分類頁）得到高排名，既然文章頁的連結要貼在統整頁（分類頁），就必須優先把文章頁寫齊。統整頁（分類頁）就和神轎一樣，抬轎人越多，行進隊伍看起來就越壯觀。

製作網頁內容的步調

剛建立網站的半年內，每個月的目標應該是準備好20～30篇文章，20篇×6個月＝120篇以上，在這個階段你的動力會是重大的問題，所以最好能夠盡早讓搜尋引擎注意到你的文章並進行排名，這也包含SEO的意義。

尤其在統整頁（分類頁）的評價確定之前，必須定期新增下層的文章頁，定期有內容增加（更新）的網站會同時得到用戶與Google的高度評價。

Chapter_1

Chapter_2

Chapter_3

Chapter_4

Chapter_5

Chapter_6

在剛開始的一年就算排名上不去也完全不必介意，要介意的應該是你鎖定的關鍵字有沒有進入排名。就算在網站管理員的搜尋分析中排名很低，也一定要確認鎖定的關鍵字（query）有沒有進入排名。

技巧性讓圖片的點擊率上升！

在AdSense網站中，必須讓用戶大量點擊廣告，但是很多人都不太喜歡點擊橫幅廣告；因為用戶都知道這是廣告，不想要點擊廣告的圖片（年輕世代尤其是對廣告很反感的用戶群）。

因此要想辦法降低用戶點擊廣告的心理障礙。圖3-23是由曾參加我的工作坊聽課的學員所製作，介紹「千葉縣的釣場」網站首頁，網站中用了巧思降低用戶點擊廣告的心理障礙，看得出是哪裡嗎？

▌圖3-23／降低用戶點擊橫幅廣告心理障礙的巧思

初心者、子供連れでも安心！
千葉県の釣り場ガイド

※參考網站：千葉県の釣り場ガイド（https://chiba-tsuri.net）

135

這個巧思就是將首頁與統整頁（分類頁）的圖片連結大小調整到與Google AdSense矩形廣告336px×280px一樣大。

　　理由應該很明顯吧？用戶在網站內多次點擊與AdSense廣告相同大小的圖片連結，因此可望能有效降低用戶點擊圖片的排斥感。

　　題外話，到管理畫面可以設定Google AdSense的廣告類型，設定成橫幅廣告（多媒體廣告）與文字廣告都顯示的話收益會更好。理由有兩個，一是因為排斥橫幅廣告的人還是有可能會點擊文字廣告，二是因為Google AdSense中想採用競標形式刊廣告的廣告商越多，單價就會越高。

CHECK!

1. 如果標題和描述被Google最佳化，
   記得要檢討、修正自己的文章

2. 各個統整頁上傳的文章量要平均

3. 圖片大小調整成AdSense廣告的大小
   可以降低用戶的心理障礙

穩定獲利的「AdSense」運用法

你是不是覺得「AdSense嵌入網站就大功告成了」呢？
關於「穩定獲利網站」的AdSense運用法，
本章將會深入解說市場動向、
最新商品的情況、嵌入方法到效果檢核。

28 網路廣告的市場動向

AdSense的優點就在於一旦嵌入網站裡，就會自動放送最合適的廣告，可以獲得長期的收益，不會像聯盟行銷一樣案子會消失，需要改寫程式碼等的維護。一旦這個網頁公開了，只要持續有用戶造訪，就真的會像自動販賣機一樣產生收益，這是透過AdSense獲益的理想形式。不過雖說是自動販賣機也還是需要定期維修，而且隨著用戶嗜好的改變，他們想知道的資訊也會有不同趨勢。這一節會來解說在瞬息萬變的網路廣告世界裡，近年產生了什麼變化，又對AdSense的商品造成了什麼影響。

網路廣告市場的變化

電通（DENTSU INC.）每年都會公布名為「日本廣告費」的報告，2017年版的網路廣告中，電通集團三公司（D2C、CCI、電通）的「2017年 日本廣告費 網路廣告媒體費 詳細分析」指出，在日本的網路廣告市場中**多媒體廣告（display advertising，網站或APP的廣告欄位顯示的圖片、文字等類型的廣告）的廣告費（40.9%）與行動裝置的廣告費（68.1%）**相當多。此外，2018年行動裝置的廣告費預估會超過1兆日圓。

在「日本的廣告費」中沒有明確區分出來的「原生廣告」（※）市場又是什麼情況呢？根據網路公司CyberAgent對動態內廣告（一種原生廣告，這份調查定義動態內廣告為「與媒體上顯示的動態內容以相同格式顯示出來的廣告總稱」）做的調查，2017年的動態內廣告市場與2016年相比增加36%，高達1903億日圓，其中手機的比例

※不像橫幅廣告一樣顯眼的廣告，顯示時感覺是與頁面融為一體

Chapter_1

Chapter_2

Chapter_3

Chapter_4

Chapter_5

Chapter_6

▌圖4-1／2017年 日本的廣告費 網路廣告媒體費 詳細分析

➊ 網路廣告媒體費中，多媒體廣告（40.9%）
和搜尋廣告（39.6%）占全體的80%。
影片廣告有1155億日圓，占全體的9.5%。

➋ 不同交易方式的比例分別是程式化廣告（77.0%）、
買斷式廣告（14.4%）、績效式廣告（8.6%）。

➌ 不同裝置的比例是行動廣告68.1%，桌電廣告31.9%。

➍ 2018年網路廣告媒體費整體預估會超過1兆4000億日圓，
其中的行動廣告會超過1兆。

➎ 影片廣告在2018年預估會成長到1600億日圓。

※出處：2017年 日本的廣告費 網路廣告媒體費 詳細分析
　　　（株式会社 D2C、株式会社サイバー・コミュニケーションズ、株式会社電通、2018年3月
　　　http://www.dentsu.co.jp/news/release/pdf-cms/2018037-0328.pdf）

是97%。CyberAgent預測這個市場應該會繼續成長，2023年會達到
3921億日圓（2017年的210%）。

在日本的網路廣告市場中**多媒體廣告、行動廣告和動態內廣告已
經是現在以及未來的重要關鍵字**了。

AdSense的變化

我把2018年6月AdSense可以嵌入網站的廣告進行了分類，若是
長期使用AdSense的人應該會發現現在的廣告種類比以前豐富很多。

▌圖4-2／動態內廣告的相關調查

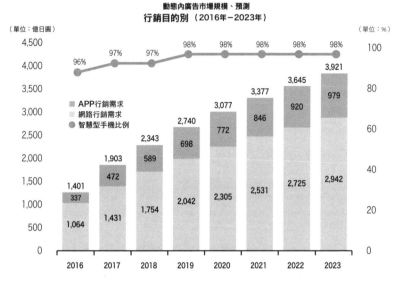

動態內廣告市場規模、預測
行銷目的別（2016年－2023年）

※出處：株式会社サイバーエージェント、株式会社デジタルインファクト、2018年2月
（https://www.cyberagent.co.jp/news/detail/id=21333）

▌圖4-3／AdSense廣告的種類①

類型	種類
原生廣告	・動態內廣告 ・文章內廣告 ・相符內容
文字廣告 多媒體廣告	・大小規定（橫向、直向、長方形） ・回應式廣告 ・客製化 ・連結廣告
自動廣告	・自動廣告（包含錨定廣告、行動裝置全螢幕廣告）

※筆者依據AdSense管理畫面製表
※APP、遊戲、影片類AdSense不在此列

Chapter_1

Chapter_2

Chapter_3

Chapter_4

Chapter_5

Chapter_6

▌圖4-4／AdSense廣告的種類②

文字和多媒體廣告

在網頁上顯示廣告的簡易方法，只要選擇您想顯示的廣告的大小、利覺位置和樣式即可。瞭解詳情

選取

相符內容

向訪客宣傳內容，可望提升收益，網頁瀏覽量和網站停留時間。瞭解詳情

選取

資訊提供內置廣告

在網站上文章或產品的清單中放送與內容自然呼應的廣告，提供良好使用者體驗。瞭解詳情

選取

文章內置廣告

讓廣告完美融入頁面段落，有效提升閱讀體驗。瞭解詳情

選取

▌圖4-5／AdSense廣告的種類③

CHECK!

1. 目前多媒體廣告和行動廣告的廣告費最多

2. 動態內廣告市場在成長中，預估未來會繼續成長

3. AdSense因應市場變化，可以使用的廣告種類也變多了

從多媒體廣告
到原生廣告

日本的原生廣告市場正在持續成長中，而且以多媒體廣告為中心的
AdSense也進軍原生廣告領域了，這是出於什麼原因呢？

多媒體廣告越來越少人點擊了

　　HubSpot（提供行銷工具的美國公司）2013年公布了多媒體廣告點擊相關的數據，指出「多媒體廣告85%的點擊是出自於8%的網路用戶」（圖4-6）。

　　從這個數據可以得知，多媒體廣告的大部分點擊是來自少部分的用戶。雖然這是2013的數據，不過在撰寫本書的2018年，這個現象應該更為明顯了（下一個段落會說明理由）。

　　圖4-7是美國市調公司comScore的調查數據，HubSpot的數據是2013年，comScore是2008年，年代不同，比例也不盡相同。不過「少部分的網路用戶貢獻了大部分的多媒體廣告點擊」這個主旨是一致的。可見這個現象從2008年到2013年又變得更明顯了。

　　而且在comScore的調查報告中，指出了點擊多媒體廣告的族群（重度點擊者）特徵，他們的年齡集中在25～44歲，每戶年收4萬美元以下。

　　如同這些數據顯示，點擊多媒體廣告的族群越來越限縮也是原生廣告市場一直成長的原因之一。而且從AdSense（多媒體廣告）來說，就算以同樣方式嵌入，不同網站的點擊率也會天差地別，這也與「點擊多媒體廣告的族群是否常看這種網站」有關係。這些雖然是美國的數據，不過基本上在網路廣告市場中，美國發生的事數年後就會

Chapter_1

Chapter_2

Chapter_3

Chapter_4

Chapter_5

Chapter_6

▌**圖4-6／多媒體廣告點擊相關的數據**

10 Horrifying Stats About Display Advertising

1. 多媒體廣告被點擊的機率，比完成海軍特殊部隊訓練的機率低。

2. 多媒體廣告「85%」的點擊是出自於僅僅8%的網路用戶。

3. 多媒體廣告被點擊的機率，比玩撲克牌湊到葫蘆的機率低。

4. 用戶每月會看到的多媒體廣告平均有「1,700個」，你記得自己看過什麼嗎？

5. 多媒體廣告被點擊的機率，比成功登上聖母峰的機率低。

6. 多媒體廣告平均的「點擊率」是「0.1%」。

7. 多媒體廣告被點擊的機率，比生出雙胞胎的機率低。

8. 大約有「50%」的行動多媒體廣告點擊是出於「誤擊」。

※出處：ディスプレイ広告の効果に関する衝撃的な「10の事実」、リスティング広告運用支援
（https://www.gootami.com/archives/4555）

▌**圖4-7／點擊多媒體廣告的族群特徵**

"

……重度點擊者只占網路人口的6%，只看多媒體廣告的話這個比例是50%。

許多網路媒體公司在評估廣告費時都會以點擊率去計算，但是從這個調查結果可以

發現重度點擊者無法代表一般大眾。

實際上，重度點擊者的年齡集中在25～44歲，每戶收入為4萬美元以下。

重度點擊者的網路活動與一般網路用戶大相逕庭，他們在網路上花費的時間是平均

一般網路用戶的4倍，但是網路消費金額卻不多。重度點擊者經常會造訪拍賣、賭

博、人力資源相關網站，與一般網路用戶的點閱習慣有顯著的差異。

※出處：Web担当者Forum、2008年3月
（https://webtan.impress.co.jp/e/2008/03/06/2758）

在日本發生，因此可以預測日本也會變成同樣的情況。

多媒體廣告的點擊率變化

現在就來看看日本網站中多媒體廣告的點擊率有什麼變化。雖然沒有明確寫出網站名，不過因為是入口網站（portal site），所以可以想見這是個大規模的網站。這個資料指出**點擊率在這十年已經下滑約八成**，假設網站的瀏覽量不變，就代表點擊數從100變成20了，換算成收益額來說，如果單次點擊出價（假設單次點擊出價是100元）不變，1萬元的廣告收益就變成了2000元。如果採用的是像AdSense這種以點擊計費為主的獲益方法，**點擊率下滑相當於是收益下滑**。

此外，圖4-9是美國的數據，Banner Ad（橫幅廣告＝多媒體廣告）的點擊率在2000年為9%，2012年變成了0.2%，顯示多媒體廣告的點擊率在美國也有下滑的趨勢。

▌**圖4-8／某入口網站的多媒體廣告點擊率變化**

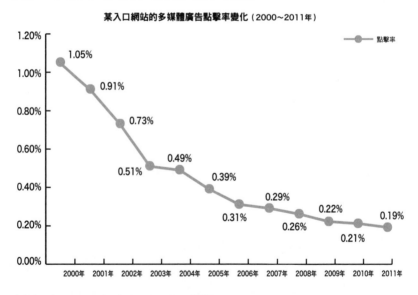

某入口網站的多媒體廣告點擊率變化（2000～2011年）

※出處：スタートライズ広告ニュース，2012年9月
　　　（http://www.startrise.jp/columuns/view/4140）

Chapter_1
Chapter_2
Chapter_3
Chapter_4
Chapter_5
Chapter_6

▍圖4-9／美國多媒體廣告的點擊率變化

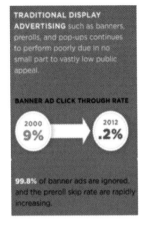

※出處：INFOGRAPHIC: Native Advertisingin Context,
Solve Media, 2013年。http://news.solvemedia.com/
post/37787487410/native-advertising-in-context-
in-fographic

　　點擊多媒體廣告的族群越來越有限，點擊率也有下滑的趨勢，前
一節提到日本的多媒體廣告市場還很龐大（2017年4988億日圓），
因此在網站收益這一塊還是無法忽視多媒體廣告。不過就現況來看，
單靠過去的多媒體廣告已經無法滿足廣告商與媒體雙方的需求了。

原生廣告的點擊率

　　接下來就來看看原生廣告的點擊率。

　　圖4-10是Yahoo! Japan的手機網站改版案例。在改版之前首頁
只有多媒體廣告，改版後用戶介面中就積極使用原生廣告（動態內廣
告）。

　　圖4-12的資料顯示網站改版後點擊數雙倍成長，可見點擊率提
升了，而且不重複訪客（Unique Visitor）數變成了兩倍，其實也可
以直接想成是點擊廣告的用戶數成長兩倍。

　　**這代表過去不點擊首頁廣告（多媒體廣告）的用戶，在廣告變成
原生廣告（動態內廣告）後就會點擊了。**也代表改版後吸引到不點擊
多媒體廣告的用戶群來點擊，「轉換（申請、購買）」是對廣告商來
說最重要的指標之一，原生廣告（動態內廣告）的轉換也多了20%，

可見**不只是點擊率高，而且還有績效。**

▌圖4-10／Yahoo! Japan的手機網站改版案例

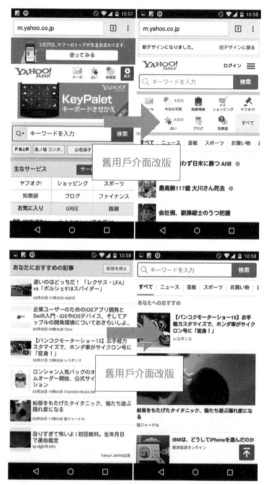

※出處：OCTOBA，2015年4月
（https://octoba.net/
archives/20150401-
android-news-yahoo-japan-
renewal.html Insider by
HubSpot blogs in 2013）

▌圖4-11／採用動態內廣告的用戶介面

改版後用戶介面中
積極使用原生廣告
（動態內廣告）

※出處：Yahoo! Japan首頁
（https://m.yahoo.co.jp/）

▌圖4-12／Yahoo! Japan手機網站改版後的數據比較

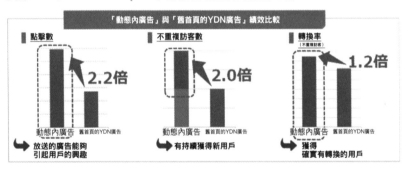

※YDN（Yahoo Developer Network，開發者網路）是Yahoo!提供給外部開發人員的社群交流
網站

※出處：Yahoo！JAPANプロモーション広告公式ラーニングポータル、2017年11月
（https://promotionalads.yahoo.co.jp/online/infeed.html）

Chapter_1

Chapter_2

Chapter_3

Chapter_4

Chapter_5

Chapter_6

Chapter_1

Chapter_2

Chapter_3

Chapter_4

Chapter_5

Chapter_6

原生廣告是什麼？

本書前面多次提到的「原生廣告」究竟與「多媒體廣告」有什麼不同呢？原生廣告分成幾種，先理解每種原生廣告的特色，才能有效運用AdSense的原生廣告。

原生廣告的種類

JIAA（Japan Interactive Advertising Association）將原生廣告定義為「設計、內容、格式與平台的文章、內容的形式相同，或者與平台提供的服務有相同的功能，並與它們一體化，不會妨礙用戶運用資訊的體驗」。**原生廣告與多媒體廣告最大的差異就是「融入網站設計中」這一點，最大的特徵則是「不會妨礙用戶運用資訊的體驗」**（傳統廣告常常會被認為會妨礙用戶閱讀文章）。

美國的網路廣告團體IAB（Interactive Advertising Bureau）在「THE NATIVE ADVERTISING PLAYBOOK-IAB」中將原生廣告分成六類，並給予各自的定義（圖4-13）。

可見同樣是原生廣告，還是可以細分成這麼多種。單純在講「原生廣告」的時候，對某些人來說是在講臉書動態中的「動態內廣告」，有些人又會以為是買廣告欄位放送的文章廣告（「自定義廣告」），有可能彼此指的是不同類的廣告。因此**在討論「原生廣告」這個話題的時候，記得要先確認你們指涉的是哪一種。**

另外，原生廣告算是比較新的領域，但是網路用戶應該從以前就已經很熟悉這個格式了。在Google搜尋的時候，網站會與搜尋關鍵字連動，在上下方顯示出廣告（IAB的付費搜尋型）。這種廣告是在

Google AdWords中廣為人知的廣告商品，也就是說Google從以前就在做原生廣告這一塊了。

▍圖4-13／原生廣告的分類

分類名	具體例子
動態內廣告	Facebook動態的廣告、Twitter的推廣推文、Gunosy的廣告等，許多人期待這種廣告會掀起手機廣告的旋風。
付費搜尋型 （Paid Search）	搜尋網站中與關鍵字連動的廣告，不過如果要把這種廣告當原生廣告，有一個條件是連結的網頁要是與自然搜尋相同的網頁內容，而不是到達頁面。
推薦工具型 （Recommendation Widgets）	美國Outbrain或popin提供的服務屬於此類。在新聞網站的文章下顯示，廣告會嵌入推薦文章欄位中。
促銷清單廣告 （Promoted Listings）	GURUNAVI的付費搜尋型廣告或地圖APP上顯示的店家資訊等廣告。在沒有可編輯內容的網站中，將廣告設計得與用戶利用的服務體驗毫不突兀。
原生元素廣告 （IAB標準）	多媒體廣告欄位中顯示的內容型廣告。不過放送欄位必須要符合IAB規定的「多媒體廣告欄位標準」。
自定義廣告	不在上列分類中的廣告，但是必須要符合刊登媒體的特色與格式。包括與其他文章和格式一致的文章廣告、音樂播放網站釋出企業製作的播放清單等。

※出處：日経ビジネスオンライン IAB6分類の解説，2015年12月
（https://business.nikkeibp.co.jp/atcl/skillup/15/112500009/112600006/）

AdSense的原生廣告

以下將AdSense在2018年可以使用的原生廣告，統整成IAB的六種分類，以及可能適合嵌入的位置（圖4-15）。

每個商品有不同特性，**適合嵌入的位置也不同，廣告基本上應該要貼在適合各類廣告的位置。**

另外，AdSense在各類廣告領域中都晚別人一步；也不只限於AdSense，Google一直都很擅長晚一步進軍已經有一定市場的領域，並且搶食大餅，他們在原生廣告這個領域也採取一樣的做法。

Chapter_1

Chapter_2

Chapter_3

Chapter_4

Chapter_5

Chapter_6

▍圖4-14／Google從以前就在做原生廣告這一塊

※Google搜尋「筆記型電腦」的搜尋結果（手機）

※Google搜尋「筆記型電腦」的搜尋結果（電腦）

AdSense	IAB6分類	嵌入位置
動態內廣告	動態內型	首頁、分類頁、文章頁、可嵌入排名、相關文章等欄位中。
文章內廣告	自定義廣告	文章頁。 可嵌在文中。
相符內容	推薦工具型	文章頁。 可嵌在文章下方。

※筆者根據Inside AdSense與「THE NATIVE ADVERTISING PLAYBOOK-IAB」製表

大眾媒體採用原生廣告的情況

關於大眾媒體採用原生廣告的情況請見圖4-16。

這是美國的數據，而且不是只限於AdSense。不過可以看到原生廣告的刊登費從2012年到2017年成長2.8倍（2013年的預測），可見就是有那麼多的廣告商想要刊登原生廣告。

從大眾媒體來看，有75%的媒體引進了原生廣告，加上考慮要引進的就是90%了。可見媒體因應投入預算的廣告商，想要採取收益提升的對策，使用原生廣告。

筆者擔任某日本優良媒體的網站顧問，他們的瀏覽量是每月數百萬～數億，廣告收益是每月數百萬～數千萬日圓，這些網站2015年時的獲益主力也是多媒體廣告，雖然各個網站情況不同，不過大概有八成左右的收益是來自多媒體廣告。然而2016年以後就產生了變化，**到了2018年，有些網站的原生廣告收益變得更多了。**由此便可得知，最近的趨勢是多媒體廣告和原生廣告雙管齊下，藉此提升廣告收益。

Chapter_1

Chapter_2

Chapter_3

Chapter_4

Chapter_5

Chapter_6

▌圖4-16／大眾媒體採用原生廣告的情況

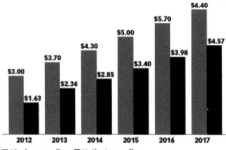

US Social Media Ad Spending, by Type, 2012-2017
billions

- 2012: $3.00 / $1.63
- 2013: $3.70 / $2.36
- 2014: $4.30 / $2.85
- 2015: $5.00 / $3.40
- 2016: $5.70 / $3.98
- 2017: $6.40 / $4.57

■ Display spending ■ Native* spending

*Note: includes desktop and mobile platforms and local and national spending; excludes social marketing/measurement platforms and services, social commerce and virtual currency; *branded content integrated directly within a social network experience*
Source: BIA/Kelsey, "Annual US Local Media Forecast: Social Local Media 2012-2017," April 10, 2013
156656   www.**eMarketer**.com

出處：（美國MDG
　　　Advertising，2014年4月）

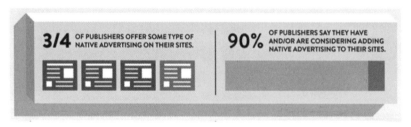

3/4 OF PUBLISHERS OFFER SOME TYPE OF NATIVE ADVERTISING ON THEIR SITES.

90% OF PUBLISHERS SAY THEY HAVE AND/OR ARE CONSIDERING ADDING NATIVE ADVERTISING TO THEIR SITES.

出處：（美國eMarketer，2013年）

CHECK!

1. 越來越多大眾媒體採用原生廣告
2. 按照不同種原生廣告的特色採用不同嵌入法
3. 想要提升收益，多媒體廣告和原生廣告可以雙管齊下

靈活運用
AdSense原生廣告的方法

這一節會舉一些具體的例子解說要如何靈活運用AdSense的原生廣告。不過每個網站能夠得到的效果不盡相同，我舉的例子是用來介紹活用方法和事例，就算採用同樣的嵌入法也未必就會得到一樣的結果，所以這些例子僅供參考。

活用動態內廣告的方法

動態內（in-feed）廣告名符其實就是在動態（feed）內（in）顯示的廣告，也就是在網站小標與小標之間、內容與內容之間顯示的廣告。因此嚴格來說在文章中間顯示的不叫做動態內廣告，在AdSense中，這種廣告稱為「文章內廣告」。

動態內廣告嵌在什麼位置會最有效呢？

最具代表性的位置就是相關文章、新增文章等統整了其他文章連結的區塊中。舉例來說，可以嵌在相關文章區塊內第二則與第八則的位置。敝公司客戶廣告最賺的位置是文章下多媒體廣告的下方，嵌在相關文章區塊內的動態內廣告；這個網站的瀏覽量本來就很大，相關文章區塊內只放了兩個動態內廣告，每月就有數百萬日圓的收益。

其他例子也與上述的相似，是嵌入排名內的廣告。大家都說日本人喜歡看排名，其實各位的網站應該也有很多受到排名吸引而來的用戶吧。最常見的例子就是在排名區塊最上和最下面嵌入動態內廣告。

除了文章頁，在首頁和分類頁也都可以嵌入動態內廣告，不過這些網頁的主要目的是用來引導用戶前往文章頁的，所以要避免過量。

除此之外，在嵌入動態內廣告時也要注意的是「可見率（Active View）」；AdSense中有可見率這個很方便的指標，廣告有一半以

▎圖4-17／動態內廣告與文章內廣告的差異

動態內廣告　　　　　　　　　　　　文章內廣告

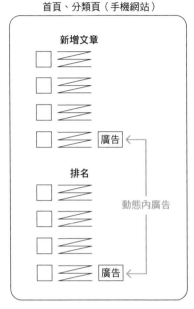

首頁、分類頁（手機網站）

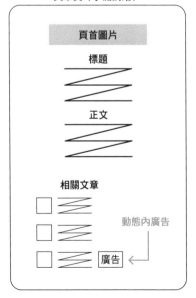

文章頁（手機網站）

動態內廣告與文章內廣告相同，都是很融入網站設計的廣告，主要差別在於嵌入的網頁和位置。

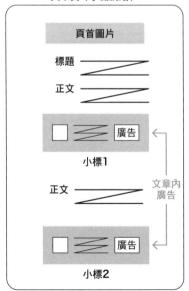

文章頁（手機網站）

Chapter_1

Chapter_2

Chapter_3

Chapter_4

Chapter_5

Chapter_6

上的面積在用戶眼中停留一秒以上才會被算作可見率。沒有在用戶眼中停留的廣告想當然用戶也不會注意到，更不會去點擊。要讓用戶點擊廣告至少要讓他們看到廣告，**因此記得要把動態內廣告嵌在可見率高的位置。**

在AdSense管理畫面中按照以下路徑就可以確認各個廣告單元的可見率。

成效報表 > 常用報表
> 報表類型選擇「廣告單元」

建議可以更換廣告單元的嵌入位置，驗證各個位置的效果，找出可見率高的位置。

▌圖4-18／嵌在相關文章區塊內的動態內廣告

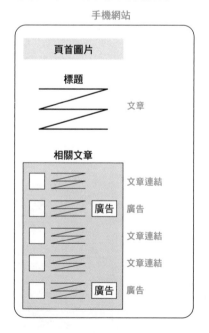

Chapter_1

Chapter_2

Chapter_3

Chapter_4

Chapter_5

Chapter_6

動態內廣告的例子

with2.net是個知名的部落格排名網站,這個網站幾乎都是由「動態」所組成的,所以在網站性質上應該很適合用動態內廣告。這個網站從以前就開始在排行頁中嵌入動態內廣告了,AdSense晚人一步才進軍動態內廣告這個領域,因此一開始他們用的是其他業者的動態內廣告進行收益化。後來AdSense也釋出了動態內廣告,於是他們當時就把原有動態內廣告與AdSense動態內廣告進行對比測試。

AdSense與其他業者相比之下,得到下列的結果。

點擊率(CTR。點擊數÷廣告曝光次數):-13%;單次點擊出價(CPC,每次點擊的單價。收益÷點擊數):+148%;eCPM(effective Cost Per Mille,有效千次曝光出價,收益÷廣告曝光次數×1000):+121%。AdSense的動態內廣告無法完全自訂,可能也是因此點擊率略比其他業者低(這會因業者而異,不過AdSense之外許多業者的動態內廣告都可以靈活自訂,讓廣告更加融入網站,因此點擊率會比較高);不過因為廣告商很多,所以單次點擊出價也高,結果獲益程度(有效千次曝光出價)也是其他公司的兩倍以上。

with2.net本來只透過多媒體廣告在獲益,不過到了2018年7月,**動態內廣告的收益已經多達網站全體收益的30%以上**(除了AdSense廣告也會放送其他業者的動態內廣告)。他們嵌入的位置正是我在活用方法中說的,在排行之中,他們嵌在排名的最上、正中間和下方,共三個,**點擊率最高的果不其然就是最上面的廣告單元。**

▌圖4-19／動態內廣告的例子

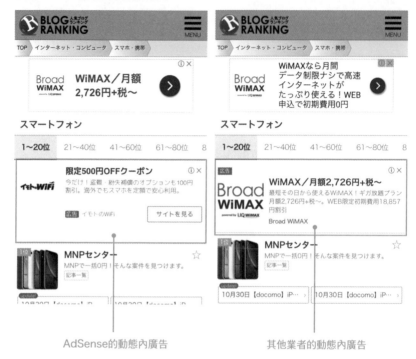

AdSense的動態內廣告　　　　　其他業者的動態內廣告

出處：with2.net

動態內廣告的嵌入方法

　　動態內廣告剛才釋出的時候，需要在AdSense的管理畫面內編輯CSS、調整版面配置，建立廣告標籤的難度也比較高，現在已經簡單許多了。許多業者都會提供動態內廣告，但是應該都沒有任何服務能讓人這麼輕鬆建立廣告標籤。

　　建立廣告標籤有「自動設計廣告樣式」與「手動設計廣告樣式」兩種，我建議的是「自動設計廣告樣式」這一種。首先以自動的方式建立大概的版面配置，再配合網站進行微調就可以了。

　　如果選擇的是自動，只要輸入想要嵌入動態內廣告的網站網址，

AdSense的系統就會掃描網站大小，建立出最適合的版面配置，自動建立的版面配置當然也可以再修改。

如果選擇「手動設計廣告樣式」，就要先從四種模板擇一建立版面配置，此時要特別注意的是你要選「只限文字」之外的模板（除非「只限文字」最適合你網站），因為動態內廣告通常都是圖片＋文字，點擊率也比較高。

不管是自動或手動建立的版面配置都可以調整字型、是否自動換行、背景色、框線有無、框線顏色、邊距、圖片（靠左、靠右等）、小標文字、說明文字的長度等。不過沒有哪一種版面配置是最普遍適用的，因為原生廣告的特色就是廣告設計與網站內容融為一體，**每個網站適用的版面配置都不盡相同**，就這層意義上來看，「先自動建立後再做細部調整」這種順序應該比較妥當（特別建議第一次嵌入動態內廣告的人這樣做）。

另外，關於AdSense動態內廣告可以修改的地方，詳情可以參考下列的說明頁。

AdSense說明－自訂動態內廣告
https://support.google.com/adsense/answer/7180018

如前所述，沒有哪一種版面配置適合所有的網站，特別要注意的是「允許所選多媒體廣告」這個選項，預設上是ON，這個選項是問你要不要在動態內廣告的廣告單元放送多媒體廣告，選ON雖然有可能提升收益，但是放送的廣告除了動態內廣告也有可能是多媒體廣告，某些嵌入位置的版面配置可能會因此相當突兀。要是以收益為重也許可以選ON（但也有可能因為突兀而使點擊率下降，無法提升收益）；如果以用戶體驗為重，建議還是選OFF。筆者推薦選OFF，畢竟都特地選擇原生廣告了，沒必要再放送多媒體廣告。

Chapter_1
Chapter_2
Chapter_3
Chapter_4
Chapter_5
Chapter_6

▌圖4-20／「自動設計廣告樣式」的建立

輸入想嵌入動態內廣告的
網頁網址

這裡會顯示預覽，
按「下一步」

有需要的話可以設定選項

▌圖4-21／「手動設計廣告樣式」的建立

活用文章內廣告的方法

　　文章內廣告雖然近似動態內廣告，但兩者的區分相當嚴格。文章內廣告名符其實就是嵌入文章頁和文中的廣告。這個廣告釋出後，某些「想嵌入廣告，但是網站版面配置的關係，嵌入多媒體廣告會特別突兀、太干擾」的位置也可以收益化了。AdSense在2016年已經鬆綁每頁廣告的嵌入最大數量（以前一頁限制三個以內），因此應該會更便於使用。

　　我推薦嵌入的位置是標題附近、目次附近、段落附近（Google也是這樣推薦）。前面在活用動態內廣告的方法中也有提到，最好要選用戶會看到的位置，如果是文章內廣告，還推薦可以嵌在用戶可能離開的位置，如文章的段落之間。

　　雖說也不需要在所有段落間都放上廣告，不過在內容長、文章段落多的時候可以嵌入超過一個文章內廣告。可能有人會擔心在文章內嵌入廣告會不會提升離開率，不過最理想的情況是你把文章內廣告嵌在原本用戶的離開點上，因此離開率不會變，收益會增加。至於到底有沒有如你所計畫，或者收益增加了但是離開率提升到無法忽視的程度，就只能自行檢驗了。在嵌入廣告後要記得從AdSense管理畫面和Google分析檢核成效。檢核對象不限於文章內廣告，只要執行了什麼新的策略就一定要先檢核成效，再判斷要繼續執行還是恢復原狀。

　　在目次下方嵌入廣告可能會收到違規的警告，所以建議要在廣告上方寫明「贊助商連結」。

文章內廣告的例子

　　CuRAZY網站在標題下嵌入了文章內廣告，他們一開始是在考慮要不要嵌入多媒體廣告，最後考量到用戶體驗而改採用原生廣告中的文章內廣告。

Chapter_1
Chapter_2
Chapter_3
Chapter_4
Chapter_5
Chapter_6

出處：CuRAZY

之後他們也進行了AdSense與其他業者的對比測試，AdSense的文章內廣告必須要顯示「Learn More」之類的按鈕，其他業者可以只顯示「廣告」（可以調整到比「Learn More」小）等。由於可以自訂的版面配置方式不太一樣，因此點擊率還是其他業者的廣告表現較好。

但是AdSense的單次點擊出價還是很高，是其他業者的＋20%以上。以前無法嵌入廣告的地方現在都可以嵌入了，有助於增加網站整體的點擊數，而且版面配置又很符合網站的設計，所以他們覺得不會破壞到用戶體驗。

文章內廣告的嵌入方法

建立廣告標籤比建立動態內廣告更簡單，你需要做的只有輸入廣告單元名稱而已，而且這個就是回應式廣告，所以也不需要指定大小。文章內廣告也與動態內廣告一樣可以修改字型、標題文字長度、

Chapter_1

Chapter_2

Chapter_3

Chapter_4

Chapter_5

Chapter_6

▊圖4-23／文章內廣告嵌入方法的例子

說明文長度、背景色等。我會建議直接採用預設為ON的「Google最佳化樣式」這個選項。

因為勾選這個選項，AdSense的系統就會自動最佳化廣告的配色或字型，除非有個人堅持的配色或字型，或者這個功能沒有發揮效用，不然建議就交給系統處理。

▊活用相符內容單元的方法

AdSense的相符內容單元在IAB原生廣告六分類中屬於「推薦工具型」，那麼推薦工具型到底又是什麼呢？不管你有沒有注意過，應該都至少有看過，國際上有Outbrain Inc.提供的Outbrain，日本國內有popIn公司（2015年5月時已經成為中國搜尋大公司「百度」的子公司）提供的popIn都是有名的推薦工具型。

上述這些都是比AdSense的相符內容單元更早提供的服務。推薦工具型也是名符其實，系統會在工具中顯示網站內其他推薦的文章給

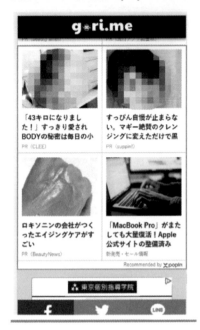

※出處：gori.me（嵌入推薦工具型的popIn）

用戶，同時也顯示出廣告。這樣一來對網站管理員來說，單次工作階段頁數和廣告收益都會提升，對用戶來說，也能有機會找到自己喜歡的網頁內容或廣告。不過這個畢竟還是原生廣告，連結的網頁規定必須是網頁內容（不能是電商網站的商品說明等網頁）。

這種類型的廣告**主要的活用方式是取代傳統的相關文章區塊，**WordPress中則有「Yet Another Related Posts」、「Word Press Related Posts」等自動顯示相關文章的外掛，這些提供的是給用戶看的相關文章，外掛內不會顯示廣告。代換成AdSense的相符內容單元之後，保留顯示相關文章的功能，還可以在區塊內顯示廣告，所以原本的這個區塊又可以成為新的收益源。

此外，相符內容單元與其他原生廣告（動態內廣告、文章內廣告）不同，嵌入位置有限。**基本上都會嵌在文章下方，文章下方嵌入多媒體廣告，再下面嵌入相符內容單元，或者文章下方直接嵌入相符**

內容單元，這兩種配置法是最多的。

相符內容單元的例子

本書的共同作者Nonkura先生建立了網站「Sophisticated Hotel lounge」，他在文章下方嵌入相符內容單元，結果整體網站的點擊率成長約1.5倍；他沒有更動原有的廣告單元，只是新增了相符內容單元就得到這樣的成果。也就是說原有的廣告單元點擊數照舊，新增的相符內容單元帶來了更多的點擊數；而且嵌入相符內容單元後，並

圖4-25／相符內容單元的活用方法例子

東京都のホテルラウンジ一覧へ戻る

LINEの反応が悪い女性には
ランデブーラウンジ・バー（帝国ホテル東京）の口コミと評判...
新鮮ホルモンで昼飲みなら
ザ パレス ラウンジ（パレスホテル東京）の口コミと評判は？

 marke-bleu.com　hotellounge.net　 思い出横丁 情熱ホルモン　hotellounge.net

ご自宅でのアフタヌーンティーに・ニッコー公式オンラインショップ
ラウンジ 光明（グランドプリンスホテル高輪）の口コミと評判...
ザ・ロビーラウンジ（シャングリ・ラ ホテル 東京）の口コ...
ザ・ラウンジ by アマン（アマン東京）の口コミと評判は？

広告 nikko-tabletop.jp　hotellounge.net　hotellounge.net　hotellounge.net

このホテルラウンジの記事を書いた人

のんくら

※出處：Sophisticated Hotel lounge

沒有造成單次工作階段頁數（Google分析）的負面影響。以前讀完文章後直接離開網站的用戶現在會發現感興趣的廣告，點擊並離開網站（圖4-25）。

相符內容單元的嵌入方法

符合Google標準的網站可以直接從「廣告設定 > 廣告單元」建立相符內容單元的廣告標籤（目前沒有公布明確的數字，但是網站必須要有一定的瀏覽量和網頁數才能使用相符內容單元）。

相符內容單元與文章內廣告一樣可以簡單建立廣告標籤，建立的時候以下選項都可以自行設定。

廣告標籤的設定
・廣告選項
　可以設定相符內容單元中是否放送廣告。
・樣式
　可以選擇字型、標題色、連結色、背景色。
　建議調整成適合網站的字型與顏色。
・尺寸
　可以設定為回應式廣告或自訂尺寸。

廣告單元也可以自訂，其他業者的推薦工具型廣告幾乎都不讓網站管理員自訂，所以這點是AdSense的優勢。

詳細說明可以直接閱讀下方的「AdSense說明」頁，只要修改相符內容單元的程式碼，就可以調整下列的版面配置（依照說明頁的記載，以Google允許的形式修改程式碼）。

・**版面配置**
- **圖文並列**

Chapter_1

Chapter_2

Chapter_3

Chapter_4

Chapter_5

Chapter_6

- 圖片在文字上方
- 只有文字
・指定相符內容單元中列與欄的數量

不過目前應該還無法控制相符內容單元內顯示的廣告量與位置。

AdSense說明

- 如何自訂回應式相符內容單元
https://support.google.com/adsense/answer/7533385

▌圖4-26／自訂相符內容單元

CHECK!

1. AdSense的原生廣告與其他業者相比，
   通常單次點擊出價比較高

2. 以前無法收益化的位置可以透過原生廣告進行收益化

3. 系統會自動產生廣告標籤，所以嵌入廣告也很簡單

靈活運用
多媒體廣告的方法

如今原生廣告相當受到矚目，不過多媒體廣告的市場依然很大，許多廣告商都願意刊登（2017年市場規模4988億日圓）。而到了2018年就更不用說了，未來幾年多媒體廣告對AdSense網站管理員來說也是不可或缺的收益源。此外，由於AdSense政策的變更、新商品的釋出、舊商品的改善等，現在又可以執行新的最佳化策略了，這一節會來統整靈活運用多媒體廣告的方法。

活用連結廣告

多媒體廣告以前的名稱是「連結單元」，日本到2010年左右為止都還相當常使用，後來AdSense中的多媒體廣告成為主流，連結廣告就漸漸沒有人在使用了。2010年左右以前，還有超大型網站透過連結單元一個月就賺進100萬日圓的收益。

連結廣告的優點是很容易融入網站，不管再小的空間都可以嵌入，缺點就是點擊連結廣告後會顯示廣告，還要再點擊一次（也就是點擊兩次）這個廣告才能算作收益，另一缺點是不適用於手機網頁，因此後來就退燒了。

到2017年開始有了回應式的功能，名稱也改為連結廣告，經過這次的版本升級後就可以嵌入手機網站，原本那種融入網站的一體性也受到歡迎，於是再次颳起一陣旋風。雖然企業經營的大型媒體使用率很低，不過個人經營的媒體、部落格倒是常常會看到。

推薦具體的嵌入位置就是文章標題附近或目次附近，連結廣告就是只有文字的廣告，最好能選在出現文字也不突兀的地方。連結廣告會根據文字列產生連結，乍看之下很像目次或相關文章。

此外，**連結廣告要點擊兩次才會有收益，所以最好不要選在點擊率可能最高的文章下方**；這個位置的廣告欄位是網站主要的收益源，比較建議嵌入點擊一次就有收益的普通多媒體廣告或文章內廣告。

最後要說的是，連結廣告依然是廣告，我偶爾會在手機網站上看到第一畫面的多媒體廣告下方就嵌入了連結廣告，**這種配置法會導致第一畫面的廣告過多**，有可能會讓搜尋引擎的評價下滑。其實敝公司的客戶也因為廣告數量相較網頁內容嵌入過多，導致Google搜尋的排名下滑、瀏覽量大減的狀況（後來恢復成原本的樣子，瀏覽量也恢復了）。

重視獲益程度是好事，不過站在用戶的角度，還是要避免嵌入過多的廣告，獲益程度與用戶體驗的拿捏非常重要。

第一畫面嵌入300×250廣告

以前在手機網站的第一畫面嵌入300×250這種大尺寸的多媒體廣告會把網頁內容往下擠、破壞用戶體驗，因此處於違反政策。不過2017已經放寬限制了（※）。依據我的推測，這個原因應該與手機的大型化有關；第一畫面本身變大了，就算嵌入中矩形尺寸的廣告，也不像以前一樣會破壞用戶體驗了。

「gori.me」網站則是趁著政策改變，把300×250的位置從標題圖片下方移動到網站上方，結果**這個廣告單元的可見率便從29%上升到48%**，千次曝光收益也變成兩倍以上。原本擔心會上升的跳出率與離開率也沒有上升，對於網站的單次工作階段頁數沒有負面影響，收益又提升了，所以就繼續嵌在這個位置了。

政策改變之後，已經可以在第一畫面嵌入中矩形廣告了，但是政策中也有說「要在不破壞用戶體驗的前提下進行」，因此嵌入的時候還是要注意不要讓用戶瀏覽網頁內容時覺得礙眼，或者引發誤擊。

※Inside AdSense：https://adsense.googleblog.com/2017/05/may2017-policy-update.html - More advertising options for the mobile web

Chapter_1
Chapter_2
Chapter_3
Chapter_4
Chapter_5
Chapter_6

▌圖4-27／連結廣告（手機）

▸神戸港と六甲山を見渡す六甲アイランドに佇む、天
然温泉のあるラグジュアリーホテル

👍 いいね！0　B! 0　🐦 ツイート　📱 LINEで送る

※出處：Sophisticated Hotel lounge

▌圖4-28／連結廣告（電腦網站）

Chapter_1
Chapter_2
Chapter_3
Chapter_4
Chapter_5
Chapter_6

▌圖4-29／Android手機畫面的尺寸變化

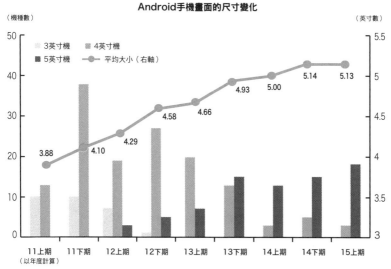

Android手機畫面的尺寸變化

（機種數）

□ 3英寸機　▨ 4英寸機
■ 5英寸機　―○― 平均大小（右軸）

（英寸數）

3.88　4.10　4.29　4.58　4.66　4.93　5.00　5.14　5.13

11上期　11下期　12上期　12下期　13上期　13下期　14上期　14下期　15上期
（以年度計算）

※出處：https://k-tai.watch.impress.co.jp/docs/column/mca/719659.html（2011年度上期（2011年4月～9月）以後各手機公司發售的Android手機畫面英寸數機子統計，以及各期間的平均英寸變化）

　　具體來說，有人會在網站上方連著上下兩個中矩形廣告，廣告上方還寫上讓人混淆的小標就算是。比方說在「文章一覽」的小標下面顯示AdSense的中矩形廣告，讓用戶以為AdSense是文章連結而誤擊（這種情況下，要在廣告上方標示「贊助商連結」）。

　　而且我也**不建議在網站上方嵌入中矩形廣告**，如果是從手機網站來看，用戶會往下滑動閱讀網頁內容，要是網站上方有大型廣告，他們會立刻往下滑動，也就不會看到你苦心嵌入的廣告，無法吸引到點擊了。建議檢驗自己的數據，並把廣告嵌入可見率較高的位置。

　　在改變嵌入位置後一定要透過AdSense管理畫面和點閱數解析工具確認用戶的行動有什麼變化（或者根本沒有）。如果採用的是我現在所談的嵌入策略，具體來說要看AdSense管理畫面中可見率與點擊率的變化，在Google分析中看單次工作階段頁數的變化。

171

▌圖4-30／300×250的位置從標題圖片下方移動到網站上方

※參考網站：gori.me

回應式廣告

　　回應式廣告可說是手機時代的代表性廣告，在Google鼓勵回應式網站設計的同時釋出了這個廣告，應該有很多網站管理員經營回應式網站而且使用這種廣告吧。

　　回應式廣告的優點是不必區分電腦用、手機用的廣告單元，一種廣告單元就能配合用戶的裝置自動變形改成適當的大小，管理的廣告單元少就代表管理成本變少，多出來的資源就可以用來讓網站內容更豐富。**而且這種廣告會根據不同裝置選用最適合的廣告尺寸，因此對點擊率也有正面影響。**

　　建立回應式廣告單元本身很容易，與「文字廣告與多媒體廣告」一樣，可以從「廣告設定」來建立。只要在「廣告大小」中選擇「回應式

Chapter_1

Chapter_2

Chapter_3

Chapter_4

Chapter_5

Chapter_6

廣告」，點擊「儲存並取得程式碼」就可以了。取得程式碼後嵌入網站就會自動放送符合裝置大小的廣告。

而且也可以根據自己網站的情況修改回應式廣告的程式碼（以Google允許的修改方式）。接下來就會介紹代表性的自訂方法，建議你嘗試這個方法，讓網站放送更適合的廣告。

首先是回應式廣告的程式碼中有「data-ad-format="auto"」，修改"auto"就可以改變廣告的形狀。預設的"auto"代表形狀會自動調整，如果改成"rectangle"就會只放送矩形廣告；改成"vertical"就會只放送直向廣告，改成"horizontal"就會只放送橫向廣告。加上逗號就代表這些形狀都可以放送（例"rectangle, horizontal"），你就可以考量廣告刊登的位置，選擇只放送橫向形狀或其他形狀的廣告。

再來，最近回應式廣告新增了data-full-width-responsive這個屬性，可以用來指定要不要讓廣告擴大到與用戶的裝置畫面等寬。預設是「data-full-width-responsive="true"」，要與畫面等寬也就是"true"，基本上可以直接保留使用，很多回應式廣告單元都會擴大到與裝置畫面等寬，可望提升點擊率。如果不想要這個效果可以改成"false"，廣告就不會擴大到與畫面等寬了。

最後要介紹的是設定回應式廣告在某些特定條件下不顯示的方法，比方說下列這種情形很常見：

「電腦網站的文章下方嵌入了橫向的兩個300×250廣告，以手機瀏覽時廣告會變成直向的兩個。一個畫面內同時顯示兩個AdSense會違反政策，所以想在用戶從手機點閱時取消顯示一個廣告（右側的廣告單元）。」

假設手機寬度不滿500px（實際設定時請根據自己的網站定義進行變更），此時右側的廣告單元程式碼要改寫如下：

```
<style type="text/css">
.adslot_1 { display:inline-block; width: 300px; height: 250px;
}
@media (max-width:500px) { .adslot_1 { display: none; } }
</style>
<ins class="adsbygoogle adslot_1"
data-ad-client="ca-pub-xxxxxxxxxxxxxxxx"
data-ad-slot="yyyyyyyyyy"></ins>
<script async src="//pagead2.googlesyndication.com/
pagead/js/adsbygoogle.js"></script>
<script>(adsbygoogle = window.adsbygoogle || []).push({});</
script>
```

┃圖4-31／最佳化手機網站顯示的回應式廣告單元

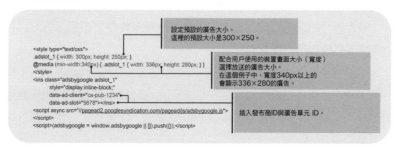

最佳化手機網站顯示的回應式廣告單元

改用回應式廣告單元可以提升點擊率與千次曝光收益，建議建立這種靈活反應的AdSense單元，嘗試以下的最佳化。

※參考：AdSense說明－Optimize your mobile site with a responsive ad unit
（https://storage.googleapis.com/support-kms-prod/dJRHolmxArHvV0MwhIqwIAYXws
OiCHdX2OZj）

Chapter_1

Chapter_2

Chapter_3

Chapter_4

Chapter_5

Chapter_6

這樣一來用戶的裝置寬度不滿500px時就不會顯示這個廣告單元（不會發送廣告請求），而裝置寬度500px以上的用戶就會顯示預設的300×250廣告。

要把程式碼嵌入網站時，首先要建立一個回應式廣告單元，取得發佈商 ID（例：ca-pub-1234）與廣告單元 ID（例：5678），並且分別填入上述的ca-pub-xxxxxxxxxxxxxxxxx和yyyyyyyyyy中。

用其他方法不顯示AdSense廣告單元就技術上來說是可能的，但是會違反政策，所以要特別注意。修改回應式廣告的其他方法在下列連結中也有記載，可以參考看看（限定放送某個尺寸的廣告等）。

> **參考連結**
>
> ・AdSense說明－如何使用回應式廣告代碼參數
> https://support.google.com/adsense/answer/9183460
>
> ・AdSense說明－如何修改回應式廣告程式碼
> https://support.google.com/adsense/answer/9183363

CHECK!

1. 建議把連結廣告嵌入文章標題附近或目次附近
2. 把300×250廣告嵌入第一畫面可望提升可見率
3. 可以多活用回應式廣告提升點擊率

33 靈活運用自動廣告的方法

自動廣告是2018年2月釋出的最新AdSense商品，相信有些網站管理員已經用過了，我個人的感覺是「這種廣告總算問世了」。我以前就一直在想這個商品總有一天會釋出，先不論現在的商品完成度，總之總算是釋出了。各位都知道AdSense與Google分析這個點閱解析工具是Google提供給網站管理員使用的，AdWords則是提供廣告商。這些工具的使用人數都是世界最大規模，自動廣告則是從這龐大的數據中誕生的工具，正可以說是機器學習、AI時代的商品。

自動廣告的優點、缺點和活用方法

自動廣告與Google搜尋一樣沒有公開詳細的邏輯，不過這是種可以根據網站過去的數據、類似網站的數據判斷，在收益可能最高的位置放送廣告（實際上也許未必做得到，但這是自動廣告的理念）。說明頁中也有記載自動廣告的機制如圖4-31，也就是說**在收益可能最高的地方會放送最適合的廣告（包含大小或格式等）**。

自動廣告的嵌入模式大致上可以分成兩種。一種是把傳統的AdSense廣告全數刪除，改成自動廣告；另一種是保留傳統的AdSense廣告，同時也使用自動廣告。第一種就是完全把AdSense放送位置交給系統去決定，這樣一來網站管理員也就不再需要注意AdSense的嵌入位置、大小和格式，也就可以分心思在網頁內容上，可以做出更好的網站。

但是這個前提是自動廣告系統能做出最好的選擇，如果做不到的

Chapter_1

Chapter_2

Chapter_3

Chapter_4

Chapter_5

Chapter_6

▌圖4-32╱自動廣告的運作方式

自動廣告的運作方式

自動廣告利用 Google 的機器學習技術來進行以下工作：

- 瞭解您的網頁架構
- 偵測您網頁上是否有 Google 廣告 (請注意，我們無法偵測其他廣告聯播網的廣告)。
- 根據您的網頁版面配置、網頁內容量和現有的 Google 廣告等不同元素進行分析，並自動刊登新廣告。

就算您對網站進行修改，我們也會偵測到變更，並重新分析您的網頁。

※出處：https://support.google.com/adsense/answer/7478040

話，可能就會有收益上的機會成本（當然結果也有可能是AdSense收益最大化）。總之這一種模式適合想要省去管理AdSense的麻煩、希望專心製作網頁內容的管理員。

第二種也就是手動嵌入和自動化的折衷方案，網站上如果已經有AdSense廣告單元了，自動廣告會偵測並保留，如果有空間的話再自動放送廣告。既然可以保留原有廣告，有空位時再補上自動廣告，**如果每篇文章的長度差異很大的話，同時採用手動與自動的方式應該還不錯**。

第二種模式適合對風險有顧慮，覺得自動廣告理念很理想，也認為新的系統有一段學習時間，最佳化應該要花點時間的網站管理員。

兩種模式的共通點是，**網站內如果有放送聯盟行銷等獲益程度比AdSense高的廣告時需要特別注意，自動廣告可能會搶走上述廣告的收益**。

Google當然會想讓自己公司的收益最大化，他們不會管網站的情況或廣告收益情況，只以AdSense收益最大化為準則。而且照現在的完成度來看，我們既不知道廣告會被安插在哪裡，也無法自行設定，某些網站的廣告可能就會被安插到意想不到的位置。如果在意網站品牌的話，有限度的使用應該還是比較保險的做法。

反過來說，如果網站收益幾乎都是來自AdSense，就可以把這種廣告當作提升收益的一個策略。不過在嵌入後一樣要檢核成效，確認收益是否真的上升了。

網頁層級的廣告

以前錨定廣告和穿插廣告都是網頁層級的廣告，現在則是都變成自動廣告的選項了。這兩種廣告是手機網站專用，堪稱手機時代的廣告，在2013年釋出這些廣告時，我正好在Google任職；**以下純屬個人感想，我當時覺得這些商品不太符合Google的風格。**

Google是最重視用戶、最講究用戶體驗的公司，即便是廣告也依然重視用戶體驗，所以才會有很多的用戶、廣告商、網站管理員支持他們。這些商品與原有的多媒體廣告相較之下，卻常常會干擾網路用戶瀏覽網站的體驗；不過既然他們會決定釋出這些商品，也就代表著手機化已經是世界的潮流了。艾立克‧史密特（Eric Schmidt）任職Google的CEO期間就提倡過「手機優先」，廣告的釋出也與他任職期間一致。

這些廣告都可以選OFF，**所以使用自動廣告的時候，重視用戶體驗的網站管理員可以選OFF，重視收益的可以選ON。**

從以前開始一直在使用錨定廣告的網站管理員可能也有發現，在錨定廣告釋出之後已經變更了幾次，每次的獲益程度都會下滑。

最近的嵌入位置從網站下方變到了網站上方，之前的變更中，廣告外型沒有改變，不過考量到廣告商的利益，所以點擊品質的審核更為嚴格，導致點擊率下滑（應該是因為誤擊的判定比以前更嚴格）。同時也發現許多網站的涵蓋率都下滑了（顯示廣告占廣告請求數量的比例），涵蓋率下滑表示產生了廣告無法顯示的機會成本。

在這種情況下，**我的客戶完全沒有在網站中使用任何AdSense的錨定廣告。**錨定廣告是一種犧牲用戶體驗換取收益成長的廣告，既然都會影響用戶體驗，許多大型網站的管理員就會希望能放送收益更高的廣告，他們會選擇在各個網站中放送其他業者的重疊廣告（如下列）。從我客戶的績效來看，**其他業者的CPM都比AdSense錨定廣告多許多**（有的是CPM兩倍以上）。

Chapter_1

Chapter_2

Chapter_3

Chapter_4

Chapter_5

Chapter_6

・fluct - https://corp.fluct.jp/service/publisher/ssp/
・Geniee SSP - https://geniee.co.jp/services/publishers.php
・adstir - https://ja.ad-stir.com/
・GMO SSP - http://gmossp.jp/

　不過這些服務目前並不適用於所有的網站，根據每家的情況不同，有的會要求要有一定瀏覽量的網站才能使用（AdSense目前沒有瀏覽量限制，不過這樣的服務意外地不多），建議根據自家網站的情況選用不同服務。

▍圖4-33／錨定廣告與行動裝置穿插廣告的ON、OFF畫面

※截取自AdSense管理畫面

自動廣告的未來展望

　在現在這個AI的時代，不僅僅是AdSense，許多服務的關鍵字都是「自動化」了，網站管理員在AdSense中也可以使用自動廣告。
　而站在廣告商的角度，AdWords從以前就有「目標單次客戶開發出價」的功能，可以配合廣告商希望的「平均單次客戶開發出價」自動調整競標價格（這樣一來廣告商就不必再手動調整最高單次點擊出價了）。除此之外還有AdWords Express（https://www.google.co.jp/adwords/express/）這種針對小型企業和店家的服務，有一個

功能是只要寫三行有關商品或服務的說明，就能夠自動建立廣告，放送給合適的用戶。雖然上述兩種功能都還沒有達到完全自動化，不過最大限度活用Google的技術、增加更多功能，省去管理員的管理成本應該會是很大的趨勢。

　　根據總務省統計局的資料，日本的事業場所數量2014年高達577萬9072個，AdWords全球的廣告商則在2009年突破了100萬（Google在2010年10月於東京都內進行的記者會公布）。

　　假設日本的廣告商數量占全世界的10%，代表從2009年到現在已經成長了五倍，變成50萬間，也就是說日本有90%的事業主並沒有在AdWords刊登廣告，這個市場的成長空間相當大。如果這些公司都因為AdWords的自動化進而刊登廣告，可以想見會有相當可觀的廣告預算進入Google的系統，這樣一來身為從廣告費獲益的一方，AdSense單次點擊出價也許也會大幅提升。

　　AdSense的自動廣告才剛剛釋出，**目前應該才在發展階段**，說不定使用這個功能的網站管理員比預料中的少，所以這個功能會消失；相反地也說不定幾年後AdSense會只剩下自動廣告。倘若真的只剩下自動廣告了，本章所寫的內容幾乎就沒有意義了，不過個人認為這樣的發展也滿有趣的。因為在那樣的世界裡，廣告商只要專心做產品和服務，網站管理員只要專心製作網站內容就好了，廣告商和管理員都能把廣告（AdWords、AdSense）當作自動販賣機使用，未來的發展值得期待。

CHECK!

1. 可以考慮使用其他業者的錨定廣告
2. 依照網站的情況勾選自動廣告的選項
3. 樂見自動廣告未來的發展，也樂見廣告商更加自動化

Chapter_1

Chapter_2

Chapter_3

Chapter_4

Chapter_5

Chapter_6

報表的讀法、
檢核成效的方法

AdSense的管理畫面過去已經版本升級了很多次（大型的升級是2011年和2015年這兩次），管理畫面每次升級都會大幅變動，可以看到的項目也越來越多。與其他廣告網絡（集結數個大眾媒體的廣告放送網絡）或供應商平台（Supply Side Platform，讓刊登廣告的大眾媒體達到收益最大化的平台）相比，AdSense的管理畫面有很多地方都能讓網站管理員設定，可以瀏覽的項目也相當多。許多人會在AdSense釋出新商品後嘗試新的嵌入法，可是不能試完就放著不管，無論嘗試什麼新策略一定都要檢核成效。這一節將會介紹AdSense報表的讀法，以及執行新策略之後如何檢核成效。

PDCA是什麼？

各位應該至少都聽過「PDCA」，這是Plan（計劃）、Do（執行）、Check（檢核）、Action（改善）的縮寫。套用到AdSense來說就是Plan（考量要怎麼嵌入再決定）、Do（改變嵌入方式、嵌入新的商品等）、Check（透過AdSense管理畫面的報表和Google分析檢核成效）、Action（根據檢核結果決定繼續嵌入、恢復原狀或是改變嵌入方式）。

有不少AdSense網站管理員只聚焦在P和D，疏於C和A，可能是因為他們單純覺得檢核成效的動作很麻煩，也或者是因為不知道該怎麼看報表。

「C」是管理AdSense的重要元素之一，持續進行Check才能讓收益成長。有些人會在社群媒體或部落格分享AdSense的成功案

例，但是這些案例只是泛論或其他網站的例子，每個網站的狀況各不相同，成功案例套用到自己的網站上未必就能發揮相同的效果。你自己採取的策略一定要執行C之後才會成為真正可用的方法，自己的經驗就是最好的教材，建議要保持C的習慣，拉開自己與其他網站管理員的距離。

▌圖4-34／AdSense中的PDCA

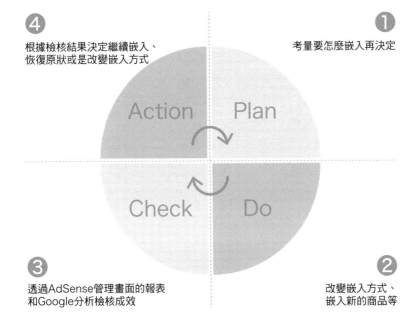

④ 根據檢核結果決定繼續嵌入、恢復原狀或是改變嵌入方式

① 考量要怎麼嵌入再決定

③ 透過AdSense管理畫面的報表和Google分析檢核成效

② 改變嵌入方式、嵌入新的商品等

Chapter_1
Chapter_2
Chapter_3
Chapter_4
Chapter_5
Chapter_6

準備工作的廣告單元定義、建立

　　進行PDCA的C之前需要一些準備工作，也就是定義並建立嵌入網站的廣告單元。假設一個網頁中有三個AdSense廣告單元，同一段廣告程式碼嵌入所有廣告欄位中無疑也可以放送廣告，不過如果你移動了最上面的廣告單元就會很難檢核成效。本來只是要追蹤最上方廣告單元的數字變化，可是報表上只有一個廣告單元，無法區分三個廣告單元的數字，結果也不知道你的策略產生什麼影響，只能做很粗略的成效檢核。

　　即便大小都相同，如果在同一網頁中嵌入不同位置，建議就要用不同的廣告單元。不過要是區分得太細，廣告單元的數量又會過多，導致管理上很困難，因此以廣告刊登位置區分，在操作上和檢核成效上應該都是最有效的。

　　另外，廣告單元的命名方式也很重要，如果能寫上裝置、網站名、嵌入位置和大小，看一眼就能知道廣告的配置。舉例來說，A網站的手機版文章下方嵌入的300×250廣告單元可以命名為「sp_siteA_middle_300×250」，你可以統一命名的規則，讓自己操作時能一目瞭然。

管理畫面（報表）用語定義

　　看AdSense管理畫面的報表一定要掌握住重點，報表內會顯示各式各樣的用語，一定要了解這些用語的意思。

Chapter_1

Chapter_2

Chapter_3

Chapter_4

Chapter_5

Chapter_6

▍圖4-35／廣告單元的分法

手機網站

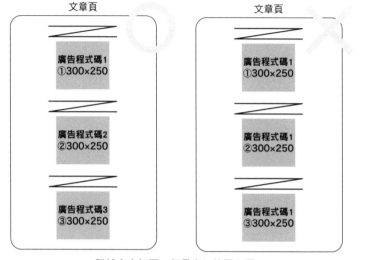

雖然大小相同，但是嵌入位置不同，
所以要用不同的程式碼（不要套用同一段）。

手機網站

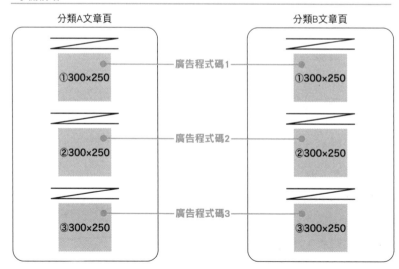

網站內如果有數個分類，而且各別嵌入了同樣
或者類似的廣告，就不必再分類別用不同的程式碼。

用語的定義

‧瀏覽量

不論AdSense廣告單元的數量多少，總計AdSense顯示的次數，這與Google分析等點閱數解析工具的瀏覽量（PV）不同，只是AdSense顯示過的次數。比方說就算一個網頁中有三個AdSense的廣告單元，這個網頁顯示一次瀏覽量就是1。

‧曝光次數

這是廣告單元的曝光次數，一般稱為impression。比方說一個網頁中有三個AdSense的廣告單元，這個網頁顯示一次曝光次數就是3。

‧網頁千次瀏覽收益

這是衡量AdSense收益的指標，計算公式為AdSense收益÷瀏覽量×1000，表示AdSense被瀏覽1000次的收益，數字越大代表收益越多，是其中一個KPI。

‧千次曝光收益

這與網頁千次瀏覽收益同樣都是用來衡量AdSense收益的指標，計算公式為AdSense收益÷曝光次數×1000，表示AdSense曝光1000次的收益。與網頁千次瀏覽收益相同，數字越大代表收益越多；不同的是分母為曝光次數，一般來說瀏覽量會比曝光少，因此千次曝光收益會比網頁千次瀏覽收益多，這也是其中一個KPI。

‧可見率（Active View）

AdSense廣告單元半數以上的面積在用戶眼中停留一秒以上的比例，這是Google最看重的指標，與點擊率成正相關。要提升點擊率，就要採用提升這個指標的策略。

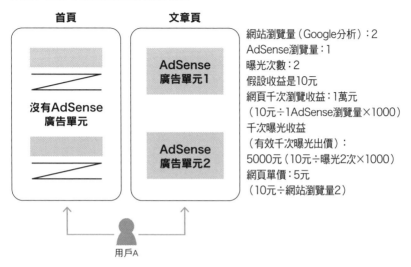

首頁

文章頁

沒有AdSense
廣告單元

AdSense
廣告單元1

AdSense
廣告單元2

↑　　　　　　↑
用戶A

網站瀏覽量（Google分析）：2
AdSense瀏覽量：1
曝光次數：2
假設收益是10元
網頁千次瀏覽收益：1萬元
（10元÷1AdSense瀏覽量×1000）
千次曝光收益
（有效千次曝光出價）：
5000元（10元÷曝光2次×1000）
網頁單價：5元
（10元÷網站瀏覽量2）

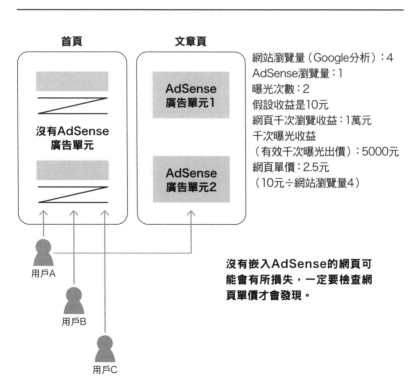

首頁

文章頁

沒有AdSense
廣告單元

AdSense
廣告單元1

AdSense
廣告單元2

↑ ↑ ↑　　　　　　↑
用戶A

用戶B

用戶C

網站瀏覽量（Google分析）：4
AdSense瀏覽量：1
曝光次數：2
假設收益是10元
網頁千次瀏覽收益：1萬元
千次曝光收益
（有效千次曝光出價）：5000元
網頁單價：2.5元
（10元÷網站瀏覽量4）

**沒有嵌入AdSense的網頁可
能會有所損失，一定要檢查網
頁單價才會發現。**

Chapter_1

Chapter_2

Chapter_3

Chapter_4

Chapter_5

Chapter_6

管理畫面（報表）的讀法

接下來就來看實際的報表，確認各種報表應該著重哪些地方。

報表畫面

如果沒有特別設定的話，很多人應該都是從「成效報表 > 預設報表」來確認，基本上從總覽分頁可以確認AdSense的收益，總覽分頁右側的是「點擊」分頁，兩者的數字是不同的，這些分頁又有什麼不同呢？

廣告商在AdWords刊登廣告時，可選擇CPC計費或CPM計費，前者是以廣告的點擊來算廣告費，後者是以廣告的曝光計算費用，而選擇CPC計費的占絕大多數。總覽分頁顯示的是兩種計費的收益，點擊分頁顯示的只有CPC計費的收益。因此兩個分頁的數字會有出入（總覽分頁的收益比較多，總覽與點擊分頁之間的收益差就是CPM計費的廣告收益）。

▌圖4-37／總覽分頁

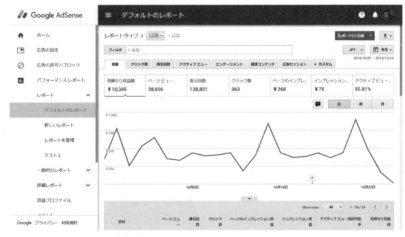

・成效報表 > 預設報表 > 總覽分頁

圖4-38／點擊分頁

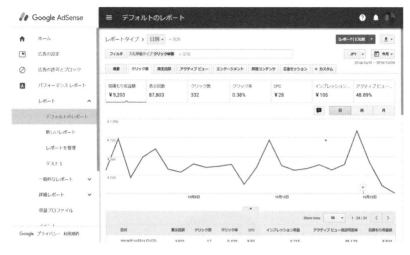

・成效報表 > 預設報表 > 點擊分頁

從報表看出AdSense的趨勢

　　「成效報表 > 預設報表 > 詳細報表」或者「成效報表 > 預設報表」從上方的「報表類型」清單可以選擇從各種角度瀏覽報表。這裡就來介紹一種可以看出AdSense趨勢的報表，這個報表可以看出現在廣告商都在登什麼樣的廣告、過去到現在有什麼改變，想在AdSense獲益就必須順應廣告商的趨勢。

出價類型

　　大多數網站的CPC計費都是占80%左右，CPM計費的比例雖然還很低，但是與過去相比已經漸漸變多了，基本上以進帳為目標的廣告商會選CPC計費，以建立品牌為目標的會選CPM計費。以建立品牌為目標的廣告商大多都是國際客戶這種大型的廣告商，他們會砸下大筆的廣告預算，這些預算以前都是用在電視廣告上，Google希望他們能把預算花在自己身上，所以提升建立品牌的廣告刊登數是他們

業務策略上相當重要的一環。CPM是針對曝光來計費，只有Active View可見率的廣告才會列入計費，因此**想要獲得更多CPM收益，提升廣告單元的可見率就是其中一個策略。**

▌圖4-39／出價類型

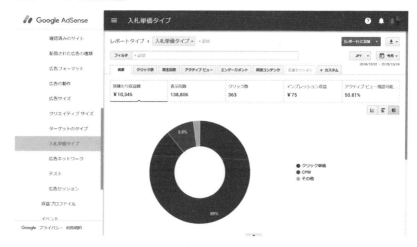

廣告聯播網

以前AdSense會顯示的只有Google AdWords的廣告，2011年起也開始放送Google認可的其他廣告聯播網的廣告。也因此對網站管理員來說競價變得更熱絡，是收益提升的原因之一。

在2018年的日本，Google AdWords還是很強勢，很多網站應該都還是Google AdWords廣告占了八成。這個比例會因國家而異，也就代表其他廣告聯播網在每個國家的強勢程度不同。AdWords收益占了大部分就代表即便是網站管理員也必須趕上AdWords的變化（AdWords的變化比AdSense更多，常常會釋出很多新功能）。

指定類型

這裡可以看到廣告商是使用什麼指定法刊登廣告的。2018年個

人化廣告的收益占了半數以上，而且大部分的網站都是千次曝光收益最高。「允許／封鎖廣告 > 我的所有網站 > 廣告放送」中的「個人化廣告」可以封鎖部分廣告，不過這可能讓你的收益下滑，所以建議不要封鎖。

Chapter_1

Chapter_2

Chapter_3

Chapter_4

Chapter_5

Chapter_6

▌圖4-40／廣告聯播網

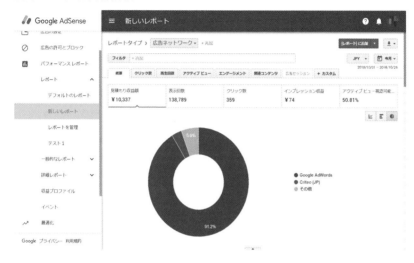

▌圖4-41／指定類型

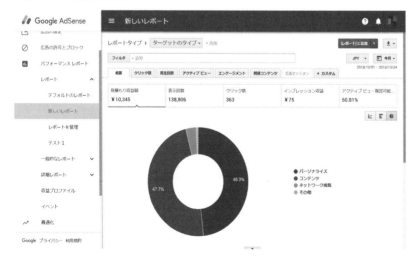

平台

這裡可以把收益分類為手機網站（高階行動裝置）、電腦網站（桌機）、平版電腦網站。雖然網站的領域會有差，不過近年許多網站的高階行動裝置收益都過半數了，這也代表手機網站的行銷策略越來越重要了。

▌圖4-42／平台

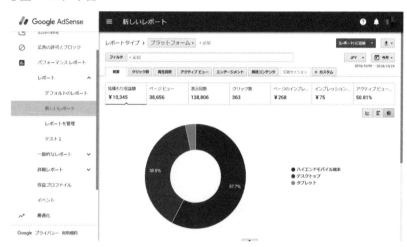

已放送的廣告類型

這裡可以把你的收益來源分類成多媒體廣告和文字廣告，許多網站中多媒體廣告的收益都是比較多的，因此基本上你可以設定兩種廣告都放送。

Chapter_1

Chapter_2

Chapter_3

Chapter_4

Chapter_5

Chapter_6

▌圖4-43／已放送的廣告類型

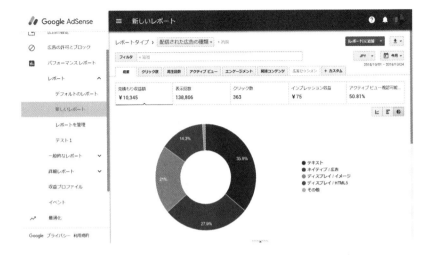

▌廣告單元報表

除了帳戶全體的收益情況，廣告單元別的報表應該是最常用的
了。接下來會介紹要怎麼確認回應式廣告單元的報表與涵蓋率。

回應式廣告單元的報表

回應式廣告單元不會有固定的大小，而是會隨著用戶使用的裝置
改變形狀。這裡可以看看回應式廣告單元什麼大小時會有多少收益，
通常都是大尺寸的收益更好。

回應式廣告單元可以修改程式碼，指定只放送直向、橫向或矩形
的廣告，也可以隨裝置寬度放送特定大小的廣告。如果放送了不符合
網站版面配置的大小，建議要調整成只放送適合大小的廣告。

▋圖4-44／回應式廣告單元①

· 成效報表 > 所有報表 > 廣告單元報表
· 選擇回應式廣告單元

▋圖4-45／回應式廣告單元②

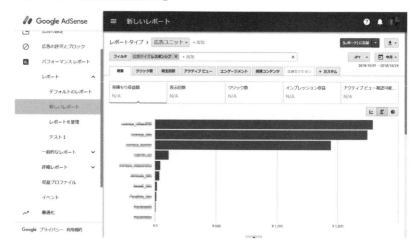

▌圖4-46／回應式廣告單元③

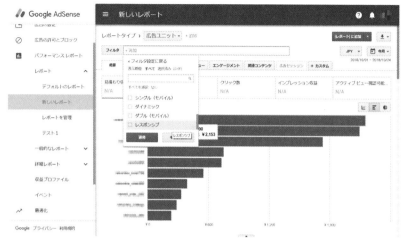

・在報表類型選擇廣告素材大小

▌圖4-47／回應式廣告單元④

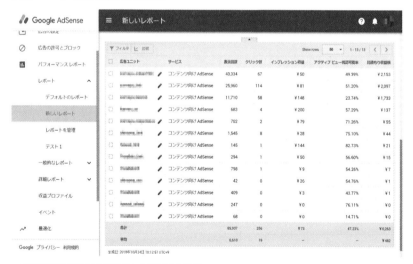

・確認回應式廣告單元在什麼大小會有多少收益

Chapter_1

Chapter_2

Chapter_3

Chapter_4

Chapter_5

Chapter_6

195

涵蓋率的確認方法

AdSense會依下列程序顯示廣告：

用戶瀏覽網站 → 讀取AdSense廣告程式碼 → 向Google發送顯示廣告的請求（廣告請求） → 顯示廣告（曝光次數）。涵蓋率是曝光次數占廣告請求數量的指標，以曝光次數除以廣告請求數。預設中不會顯示涵蓋率這個項目，可以在自訂分頁中看到，記得要確認每個廣告單元的涵蓋率。

▋圖4-48／確認涵蓋率①

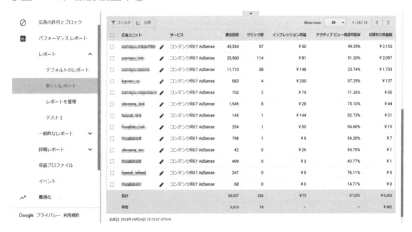

・成效報表 > 所有報表 > 廣告單元報表

▋圖4-49／確認涵蓋率②

・在自訂分頁中選擇廣告請求、曝光次數和涵蓋率

Chapter_1

Chapter_2

Chapter_3

Chapter_4

Chapter_5

Chapter_6

▌圖4-50／確認涵蓋率③

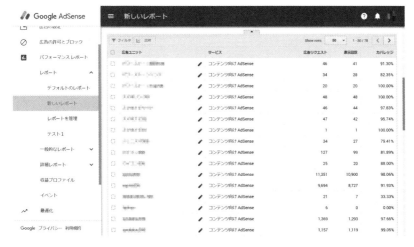

· 可以確認各廣告單元的涵蓋率

▌圖4-51／確認涵蓋率④

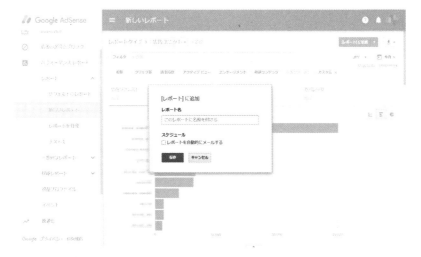

· 新增之後，就可以把這個報表加入左側的選單中（成效報表 > 報表內）

如果是用AdSense，**涵蓋率基本上都是將近100%**，這也是AdSense的一個優點，只要有98%～99%左右就不成問題了。90%以下的話就代表超過10%的廣告沒有出現，也等於錯失獲益的機會。

　　涵蓋率低的原因最常出在網頁內容本身，就算沒有違反政策，只要系統判斷這個內容對廣告商來說並不妥當，就不會顯示出來了。好比網頁內容是有關悲慘的事件或意外；新聞網站常常會出現這樣的主題，網頁有時候就不會顯示AdSense。

　　如果是新聞性高的內容，瀏覽量也會變多，此時用預設設定的廣告單元就會一片空白。網站通常什麼都會顯示，一片空白不但看起來很奇怪，而且也會有損失獲益機會的問題，解決之道就是設定替代廣告。

　　如Google提供的說明，假設在www.aaa.com這個網站建立www.aaa.com/ads/的目錄，放入一個檔案，裡面有AdSense沒顯示廣告的時候想放送的廣告（自家廣告或AdSense以外的廣告網絡都無妨）標籤，並從AdSense管理畫面設定連結。
　　做好這個設定之後，AdSense沒有顯示廣告時就會叫出替代廣告，一併解決外觀和收益上的問題。如果你的網頁內容本來就很敏感，網頁瀏覽量也很多，網站最好先做好各個廣告單元的設定吧。

Chapter_1

Chapter_2

Chapter_3

Chapter_4

Chapter_5

Chapter_6

檢核成效的方法

前面也說過了，不管在AdSense嘗試了什麼策略一定都要檢核成效，這是PDCA中的C階段，以下會介紹具有代表性的例子。檢核成效的時候除了AdSense管理畫面也會用到試算表，有需要時也會用到Google分析。

KGI和KPI

首先來確認AdSense的KGI和KPI是什麼。KGI（Key Goal Indicator）指的是最終目標，又稱為關鍵目標指標；KPI是Key Performance Indicator，又稱為關鍵績效指標。KPI是用來測量達成最終目標（KGI）過程的中間指標。

放在AdSense來說，KGI當然就是收益，KPI則是相當於網站瀏覽量（Google分析）、AdSense瀏覽量、網頁千次瀏覽收益、千次曝光收益與Active View可見率等。在某些案例中會看到有人把KGI當成KPI了，網頁千次瀏覽收益當然也是重要的指標，但是有人會把指標當成目標，情緒跟著指標起起伏伏。KPI本身並不是終點，而且有的指標會因為廣告商的刊登情況（外部因素，網站管理員無法控制）而有起有落。講得極端一點，就算網頁千次瀏覽收益下滑了，只要收益提升就好了，KPI只不過是達成KGI的指標而已，而且還只是其中一種指標，千萬不要本末倒置了。

解構收益的要素

這裡會重新解析AdSense收益的構成要素，細分下來會得到下列的結果：

曝光次數（＝AdSense瀏覽量×廣告單元數）
×點擊率×單次點擊出價

AdSense瀏覽量可以從管理畫面看到，如果所有網頁都有嵌入AdSense的話，Google分析和AdSense上的瀏覽量應該是一致的；不過畢竟還是不同的工具，仍然會有少量的誤差，所以只要看個大概就好了。

曝光次數可以分解成「廣告請求×涵蓋率」，不過網站管理員無法控制涵蓋率，所以增加廣告請求是增加曝光次數的一個策略，在允許的範圍內盡可能增加廣告欄位的數量就可以增加廣告請求。

而點擊率只要能提升，可見率就能提升，所以重點就是要在用戶可視性高的地方刊登廣告，選擇大尺寸的廣告也是個有效的方法。至於想要提升單次點擊出價的話，可以採用廣告商偏好的尺寸，也可以文字廣告與多媒體廣告都放送，增加廣告量，或者可以採取一些避免誤擊的策略。

採取AdSense收益提升的策略時（PDCA的D階段），要注意自己是想提升上述的哪一個要素，並且要檢核那個要素是不是真的產生了變化。

▌圖4-52／檢核成效的概念

目的	執行內容	檢核項目
增加曝光次數	・增加廣告單元數 ・在還沒嵌入AdSense的網頁上嵌入 ・提升網站瀏覽量	・曝光次數 ・網頁千次瀏覽收益
提升點擊率	・嵌在可視性高的地方 ・使用大尺寸廣告 ・活用回應式廣告單元	・點擊率 ・可見率
提升 單次點擊出價	・採用廣告商偏好的尺寸 ・文字廣告與多媒體廣告都放送 ・採取一些避免誤擊的策略	・單次點擊出價 ・曝光千次曝光收益

Chapter_1
Chapter_2
Chapter_3
Chapter_4
Chapter_5
Chapter_6

廣告單元報表的期間比較

如果在更改刊登位置或修改尺寸之後想比較特定廣告單元的數字改變，從AdSense管理畫面就可以簡單進行。

圖4-53／廣告單元報表的期間比較①

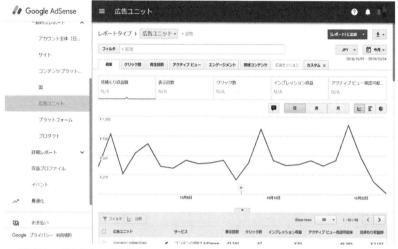

・成效報表 > 所有報表 > 廣告單元

圖4-54／廣告單元報表的期間比較②

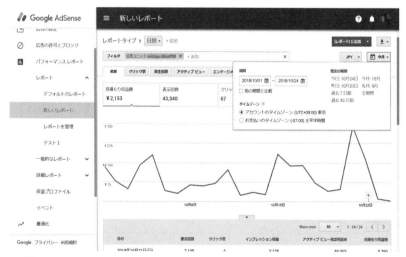

・選擇一個想要檢核成效的廣告單元
・在日期欄中勾選與其他期間比較，就可以參照執行前後同樣天數間的變化

▌圖4-55／廣告單元報表的期間比較③

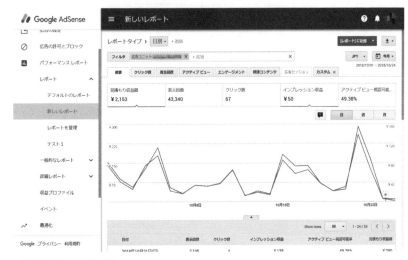

・比較曝光千次曝光收益
・以試算表計算並記錄有多少%的變化
・從試算表等工具中計算點擊數÷曝光次數，得出點擊率
・從試算表等工具中計算預估收益÷點擊數，得出單次點擊出價

累積自己的數據，累積穩定的收益

　　網路上有各式各樣的AdSense事例，有些例子在自己的網站上會發揮效果，有些卻未必，畢竟每個網站的內容都不同、造訪的用戶不同、版面配置也都不同。世界上沒有一模一樣的兩個網站，沒有任何策略是可以在所有網站都通用的。

　　而且網路用戶的習慣以及網路廣告市場時時刻刻都在變化，AdSense的商品會順應這些變化不斷進化，也因此會發生了以前行得通的策略開始失靈，或新的策略可能會奏效等的情況。

　　建議除了AdSense的變化，更要打開雷達深入了解網路用戶和網路廣告的變化，考慮並執行新的策略，也希望本章能給各位執行新策略的一些靈感。

最後，本章已經寫到過，不要只是單純採取新的策略，也要檢核成效，累積自己的數據。希望各位能長期執行PDCA，不斷累積穩定的收益。

CHECK!
1. PDCA中的C是提升收益的重要一環
2. 了解報表中各個用語的意思
3. 透過各種角度掌握自己的網站收益情況，
   並以此為根本考慮新的策略

Chapter_1

Chapter_2

Chapter_3

Chapter_4

Chapter_5

Chapter_6

邁向「權威網站」，累積信任與權威

如果希望網站的經營可以穩定長久，
就不能學部落格那種
將寫手當主角的經營方式。
你要建立資訊本身是主角的「資訊網站」，
並將網站的權威化當作目標。
本章會介紹建立這種資訊網站的概念，
就算是小眾的領域，
還是可以成為「講到○○就會想到」的網站。

35 權威網站是什麼？

網路已經是我們日常生活中不可或缺的東西了，資訊的正確與可信度也遭到更嚴厲的檢視。想要以長期穩定的網站經營為目標，就要想辦法得到讓用戶信賴的權威性。

現在眾人想要的是權威網站

不確實的消息要是被散播出去，可能會對消費者的生活造成嚴重的影響，尤其針對YMYL（※）這種敏感的領域，搜尋引擎的演算法也變得更為嚴格了。

除了這種搜尋引擎的評價標準更嚴苛的領域之外，網路用戶也需要值得信任的資訊，讓用戶認可自己的網站具有可信度，已經漸漸成為長期穩定經營網站所需要的重要因素。

接下來要解說的「權威網站」，就是指能夠獲得用戶高度信賴的網站。

「說到○○就想到這個網站！」

「權威」這個詞有「威信」和「專家」的意思，以網站為例，要看新聞就找「Yahoo!新聞」，要看食譜就找COOKPAD。就算是小眾的領域，只要是「說到○○就想到這個網站」，能夠讓人第一個想起來的就是已經權威化的網站了。

※「Your Money or Your Life」的簡稱。在Google的「搜尋品質評價指南」中指涉為「對未來的福祉、健康、經濟穩定或人身安全造成潛在影響的網頁」

網站權威化會發生的事

網站權威化會發生下列三件事：

①社群媒體或問答網站上常常會被提起

有人說「我想知道這個」、「我有這樣的煩惱」時，會有更多機會被第三者介紹說「可以看這個網站」、「這個網頁有詳細介紹」。

要是因為有社群媒體引用而有更多被看到的機會，眾人就會開始覺得「這個網站寫的是正確的」，也就開始會有其他網站把你的網頁內容當作引用資料。

②反向連結不斷增加，搜尋排名上升

引用變多，反向連結也會變多，搜尋排名就會上升，得到高排名之後引用又會再變多，促成良性循環。

「被信賴所以更多人引用」或者「引用多所以被信賴」似乎是先有雞還是先有蛋的問題；但是無論如何這都代表著一個網站內容長期不斷有更多反向連結、被更多人引用，不同於一時的熱潮（在社群媒體中受到矚目而被瘋傳的狀態），也因此點閱數就會增加。

③用戶不透過搜尋引擎直接造訪

獲得信賴、成為用戶不可或缺的網站後，就會有更多人透過書籤再訪網站或者直接搜尋網站名稱。

於是搜尋演算法對網站點閱數造成的影響就會很低，讓你時時能夠保有一定的點閱數。

如上所述，網站的權威化是網站管理員的一個目標，也是穩定經營網站的終極方法。

Chapter_1
Chapter_2
Chapter_3
Chapter_4
Chapter_5
Chapter_6

本書定義的權威網站就是「說到〇〇就想到這個網站」，能夠讓人第一個想起來，「在特定領域中擁有知名度而且深受用戶信任」。

> **CHECK!**
> 1. 眾人想要的是深受信賴的權威網站
> 2. 網站的權威化是穩定經營網站的終極方法

建立以資訊為主角的網站
（＝資訊網站）

要怎麼做才能讓網站權威化呢？光是釋出正確的資訊也不足以取得用戶的信任，建議先從「部落格」這種越來越普遍的網站經營型態有什麼弱點開始理解，並看看你應該以什麼樣的資訊網站為目標。

部落格的不足之處

　　「大量釋出屬於專門領域又值得信賴的資訊」是讓人覺得網站很權威的重點。

　　現在素人因為經營網站而出版書籍或上電視節目已經不是什麼稀奇的事了，如果釋出資訊的人（網站管理員）自己就想當公認的權威，就要多製造機會廣泛而頻繁地接觸用戶。這種情況最好就要選擇容易更新、可以與各種社群媒體連動的「部落格」來經營。

　　但是權威者經營的「權威網站」卻未必是走這個路線，因為增加曝光機會、持續釋出資訊還不足以讓網站權威化。

被動用戶與主動用戶

　　同樣都是「取得資訊」，這個行為大致還是可以分成兩種狀態：

· **碰巧聽聞電視播放的新聞**
· **去圖書館查資料，借回需要的書**

前者是「被動」接收資訊，後者則是「主動」查找資訊。在網路上，碰巧從社群媒體的動態時報或新聞網站看到資訊的用戶屬於「被動」類，從搜尋引擎等管道積極查找資訊的用戶是「主動」類。

不管你提供給主動用戶多少資訊，只要他們沒有找到需要的資訊就不會滿足。即便網站內真的有可用的資訊，要是沒有經過妥善分類整理，無法讓人隨取隨用的話，他們也不會認為「這是個有很多可信資訊的網站」，可見**被動與主動的用戶對於資訊的需求不盡相同**。

網頁內容最佳化，建立資訊網站

人的權威化與網站的權威化不能混為一談，如果你的目標是網站權威化，主角就應該是資訊本身。經營方式也不能與部落格一樣只是優先顯示新文章而已，要將網頁內容的配置最佳化，讓主動查找資訊的用戶得到滿足，架設滿足各方面不同需求的「資訊網站」，這才是躋身權威網站的捷徑。

CHECK!

1. 建立以資訊為主角的「資訊網站」
2. 人的權威化與網站的權威化不能混為一談

37

主題設定與資料蒐集

如果一時興起就想要建立以資訊為主角的網站（＝資訊網站），過程
通常不會太順利。建議事前要先設定主題、蒐集並整理資料，再以適
當的表現方式呈現。這一節首先會解說主題設定和蒐集資料要注意什
麼地方。

主題設定的重點

　　資訊為主角的網站必須要最佳化網站結構，提供給用戶的資訊才
不會有不足的情況。最佳化的流程大致如下列四步驟：

1. 設定網站內容主題
2. 蒐集該主題的相關資料
3. 整理分類資料
4. 選擇適合這些資料的呈現方式

　　思考網站的結構需要經過上述的四個步驟，若是以權威網站為目
標，就一定要設定主題。

　　雖然以「20歲女性的戀愛、時尚和美食」這種限縮特定讀者群
的方式，選用數個主題也是可行的方法，不過要讓用戶覺得「說到
○○就想到這個網站」就不能太貪心，篩選出一個特定的領域會是比
較明智的做法。

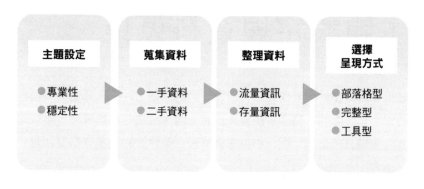

既然想要穩定經營一個網站,你的主題本身就不能有時效性。好比說我們很難預測太新興的領域未來的需求如何,流行的事物總有一天會退燒,倒不如選擇十年前到現在都沒什麼價值觀變化的領域,這樣一來網頁十年後依然存活的可能性會更高。

一手資料與二手資料

決定主題之後接下來就要蒐集資料了。

蒐集資料有很多種方法,來自直接取材或親身經歷的稱為「一手資料」,來自電視、書籍、網路等既有資料的則是「二手資料」。

蒐集一手資料需要時間和成本,因此即便網頁內容是根據二手資料製作,只要你用的只限已知消息或客觀消息就無可厚非。

不過有些很明顯全部出於二手資料的網頁內容,即便沒有錯誤的資訊,卻依然沒有感染力,因為在其中看不到「人」。

比起「只會說道理」的人,人們通常會更信賴「同理自己的煩惱與疑問」的人。只發布一些正確資訊或詳細資訊並不會產生信賴感,這與只有二手資料的網站沒有感染力是一樣的緣故。自行蒐集一手資料,代表的是你不只可以提供更為可信的資訊,還可以站在不同角度,提出只有過來人才會發現的疑問與煩惱。因此在蒐集資料時,與

用戶站在相同角度是相當重要的一種態度。

CHECK!

1. 不要貪心，鎖定一個主題

2. 找出價值不易改變、可以持久的主題

3. 蒐集一手資料是為了與用戶站在相同角度

Chapter_1

Chapter_2

Chapter_3

Chapter_4

Chapter_5

Chapter_6

38 流量資訊與存量資訊

把資料分門別類的方式數也數不清，不過其中最值得注意的是「流量資訊」與「存量資訊」這個分類。建立資訊網站必須要能判別這兩種資訊的性質適合什麼樣的呈現方式。

流量資訊與存量資訊的差異

「流量」與「存量」是從經濟學用語衍生出來的概念，「流量（flow）」指的是如河川般流動，「存量（stock）」指的是如水壩般累積。「流量資訊」與「存量資訊」一般來說是下列的意思：

流量資訊

好比說「本週的熱門排行榜」到了下星期就沒有意義了，「今天的運勢」過了一天才看也一樣沒有意義；所以「**一時的資訊，價值會隨時間改變的資訊**」就是流量資訊。新聞、時事問題、期間限定的活動資訊就是代表例子。

存量資訊

存量資訊不同於流量資訊，特點是**價值已經確定、可以再次利用、不容易受到時間的影響**。

這裡就來舉簡單的例子比較這兩種資訊（圖5-2）。

「今日限定 美國產豬里肌 每100g 88元」

這是典型的流量資訊，如文案所寫，資訊價值只限當天有效，相較之下另一個例子是什麼情況呢？

Chapter_1

Chapter_2

Chapter_3

Chapter_4

Chapter_5

Chapter_6

▌圖5-2／流量資訊與存量資訊

流量資訊的例子

存量資訊的例子

「超簡單 使用豬里肌的 薑汁燒肉作法」

食譜的價值不會受到時間影響,而且可以反覆使用,因此屬於存量資訊。

不過同樣的內容可能會因為表現法或上下文,有時變成流量資訊有時又屬於存量資訊。

混淆的危險

如果存量資訊中摻雜了流量資訊類的表現,可能也會讓存量資訊變成流量資訊。剛開始經營部落格的人常常會寫出「早晚這段時間也開始變涼了」這種季節性的問候,所謂季節性問候就是會隨著時間改變價值的流量資訊。就算後面接續著寫不受時間影響的存量資訊,只要有這句話,就可能會讓人感覺這好像是舊聞、不正確的資訊。

新聞這種流量資訊裡摻雜存量資訊並不成問題,**可是不能在存量資訊中摻雜流量資訊。**

在設計資訊網站時不能只以文章為單位,要以一整個分類為單位區分只有存量資訊的內容與只有流量資訊的內容,選擇最適合兩者的呈現方式,這樣就能讓用戶更便於使用你的網站。

建立資訊網站的第一步建議就從區分流量與存量開始。

　　如果是要設計能夠穩定經營的資訊網站，到底是流量資訊重要還是存量資訊重要呢？

　　站在讓網站內容的價值積少成多的觀點來思考，就會覺得應該要把重點放在不容易受到時間影響的存量資訊吧？

　　但是在經年累月之下世人熟知這些存量資訊了，網路上可能也已經有許多相關的網頁內容，因此在沒有創意或事前準備的情況下發布存量資訊往往就是徒勞無功。既然是後發於人，就需要有不同切入點做出差異化，或者要具備凌駕既有網頁內容的品質。

　　不過流量資訊也不是完全派不上用場，定期發布的流量資訊如專門領域的新聞等，就非常適合用來抓住回訪客。這些資料也會積沙成塔，有時候只要經過重新整理就可以變成存量資訊，產生新的價值。

　　圖5-4是2004年起經營到現在的抽獎優惠消息網頁，雖然網站就是由一個網頁組成，而且資訊都是手動更新，但是他們腳踏實地不斷公布抽獎優惠消息這種典型的流量資訊，用戶的再訪率也有將近70%。只要是以長期發展為前提，發布流量資訊也會對穩定經營大有貢獻。

Chapter_1

Chapter_2

Chapter_3

Chapter_4

Chapter_5

Chapter_6

▌圖5-3／區分流量與存量資訊

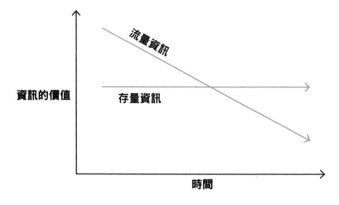

▌圖5-4／專門領域的新聞很適合用來抓住回訪客

※大量当選ネット応募懸賞まとめ（目指せネットでわらしべ長者）
https://warashibe.info/tairyoutousenn.htm

CHECK!

1. 先從區分資訊是流量或存量開始

2. 存量資訊中不要摻雜流量資訊

3. 網站的穩定經營需要有存量資訊

三種呈現方式

要把分門別類的資料寫成文章時，一定要根據資料的性質選擇合適的呈現方式。建立資訊網站時，可以把內容型態分成「部落格型」、「完整型」和「工具型」，從這三種類型去思考就可以拿捏得當。

網站的型態有很多種

部落格可以在瀏覽器上設定完成，做來輕鬆，所以選用部落格做個人經營的情況越來越普遍了。但是網站的型態本來就有很多種，「部落格」不過是其中一種而已。

如果你想建立的資訊網站型態要與蒐集資料的方法（一手資料、二手資料）和資訊種類的性質（流量資訊、存量資訊）互相配合，單憑部落格是無能為力的。**因為網站內要有數種呈現方式，互相補足各自功能上的不足，這才是滿足用戶各式各樣需求最理想的方式。**

分成「部落格型」、「完整型」和「工具型」來思考

因此在考慮網站結構的時候，我推薦從網頁內容的呈現方式分成「部落格型」、「完整型」和「工具型」這三種來思考。

呈現方式當然不僅限於這些，而且這三類也無法將所有的網站分類，不過比起漫無章法更新部落格，認識這三種呈現方法並且懂得如何區分更能建立足以提供用戶好用資訊的網站。

Chapter_1

Chapter_2

Chapter_3

Chapter_4

Chapter_5

Chapter_6

▌圖5-5／網站的型態有很多種

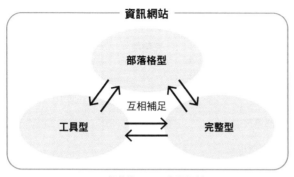

部落格 ∈ 資訊網站

　　其中的「部落格型」與「完整型」差別在於一開始是否已經設想好最終的完成型態。「部落格型」雖然也屬於長期經營的類型，但是並沒有預先設想完成的型態是什麼；相對地，「完整型」就是代表這個內容已經很完整了。而「工具型」的出發點是「實用性」，比起「讀物」更具有實用性。「工具型」的內容不全然都是獨立成形的，也可能會是「完整型×工具型」或「部落格型×工具型」這種混合的型態。

　　如果要滿足用戶多樣的需求，一個網站內有這三種型態（或者功能）會是最理想的，或者至少要有其中的兩種。

部落格型	完整型	工具型
部落格型 × 工具型	完整型 × 工具型	

CHECK!

1. 網站的表現不是只有「部落格」
2. 一個網站可以綜合使用多種呈現方式
3. 區分「部落格型」、「完整型」和「工具型」的使用時機

40

部落格型內容

本書說的「部落格型內容」不是單指使用供應商的部落格服務，或者用WordPress等網站後台管理系統（CMS）建立的內容，而是指「網頁會新增或更新，統整方式基本上是依照網頁的時間順序」。

Chapter_1

Chapter_2

Chapter_3

Chapter_4

Chapter_5

Chapter_6

部落格型內容的特徵

有些網站是因為用以建立部落格的網站後台管理系統，而發生「以新文章為優先，舊文章的曝光變少」的情況。

「這些努力寫出的文章經過一段時間就被埋沒看不見了」，數年資歷的中堅部落客尤其會有這樣的煩惱。明明花費了寶貴的時間，曝光卻變少了，這樣真的很可惜，這似乎也是部落格型內容的缺點，但是這類型也不完全只有缺點。後面會提到要如何使用流量資訊，有時候舊文的曝光變少反而比較有利。

第一，定期更新更容易吸引追蹤者的回訪，這是最大的優點，常常有新的資訊會是讓用戶回訪網站的強大動力。

部落格型內容就是建立在不斷新增文章之上，每次新增都直接推薦給追蹤者就可以吸引他們回訪。

再者，定期更新、與社群媒體連動都能與追蹤者產生更積極的互動，使用部落格進行「管理員的權威化」是很合理的選擇。至於文章作者就是擔保資訊可信度的條件之一，透過一些形式提升管理員本身的信賴感，也會對網站的權威化產生很大的影響。

相反地，部落格型內容也有缺點。由於網站建立在新增或更新網頁的前提上，所以更新一慢，點閱數就會往下掉，有可能還會因此無法保住網站本身的價值。

而且文章越多，整體的系統結構就越難維持。

你有沒有遇過「我記得這個部落格有寫……」這種情況，想要再讀一次卻再也找不到那個網頁了呢？部落格型內容很適合以推播通知被動用戶一些資訊，但隨著每次更新網頁數就會越來越多，網站內的資訊也會越來越難找，這是一大缺點。

部落格型內容無論好或壞，都是建立在更新的前提之上。

部落格型內容與流量資訊

如前述，要在部落格型內容中新增網頁很容易，因此很適合新聞這種搶快的流量資訊，也最能發揮流量資訊的特色。

就算用戶從搜尋網站抵達了舊文的頁面，只要載明公開日或最後更新日，用戶就可以自行從日期來判斷可信度；只要能夠一直提供正確的資訊，網站本身就不會貶值。

另一方面，只要更新一慢，資訊的價值就會減少，要是長期放置不管的話，網站本身可能都會失去用戶的信賴。如果要規劃採用流量資訊的部落格型內容，第一該考量的就是要用什麼方式才能心有餘力地長期經營下去。

部落格型內容與存量資訊

部落格型內容要採用存量資訊也不成問題。

部落格型內容建立在持續新增或更新資訊的前提之上，不過如果內容只有存量資訊，而且可以預估有一定數量的用戶來自搜尋網站，即便更新頻率低，甚至有時候就算停止更新，依然可以維持點閱數。

部落格型內容必須一直新增網頁，所以不太適合系統性統整資訊的網站結構，而且在網站內很難找到相關資訊，單次工作階段頁數往往也很低。如果能確定你的資訊有經過整理至一定程度，也有一定的數量，或許可以考慮改採用完整型內容（或者外部的迷你網站※）。

※以小眾主題做出規模較小的資訊網站，主要是以完整型內容組成

CHECK!

1. 部落格型建立在新增或更新網頁的前提之上
2. 部落格型與流量資訊特別匹配
3. 部落格型也可以採用存量資訊

Chapter_1

Chapter_2

Chapter_3

Chapter_4

Chapter_5

Chapter_6

41 完整型內容

網路上在談到網站型態或結構時，依然可以看到「部落格或網站二選一」這種說法。雖然可以明白這種說法想表達的意思，但是他們所謂的「網站」是泛指所有網站，其實並不是很精準。本書認為部落格型內容是建立在網頁的新增或更新之上，而預先設想完整型態才製作的則會以「完整型內容」這個詞來說明。

完整型內容的特徵

完整型內容是打從網站還被稱為「烘培雞（homepage）」的時代就存在的傳統型態，如今它的功能已經被重新審視。

其實部落格能夠這麼普遍，也是因為可以省去製作網站和更新的麻煩，對管理員來說是很大的優點。但是兩者之間沒有涇渭分明的優劣之分，重點在於你要配合用戶的目的使用不同類型。

完整型內容不同於部落格型，在決定好應寫的內容、文章結構等整體內容之後才會開始下筆。也許想成是先做目次，再照著目次建立個別網頁會比較好懂。

部落格型內容可以比喻成「插柳成蔭」，完整型內容則是「為蔭插柳」。

完整型內容善於以系統性、結構化的方式呈現資訊，比起流量資訊這種會過時的資訊，更適合處理存量資訊這種價值穩定的資訊。

部落格型很容易發生想到什麼更新什麼、必要的資訊有所缺漏、

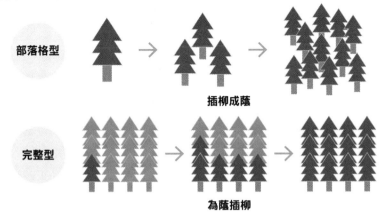

▌圖5-7／部落格型內容與完整型內容的差異

部落格型　→　→　插柳成蔭

完整型　→　→　為蔭插柳

相似的內容寫了好幾篇等問題。完整型內容的優點就在於一開始構思了整體的結構才下筆，不太容易會有缺漏或重複的情況，容易建立MECE（※）的結構。

此外，完整型的結構很有系統性，因此很容易在網站內找到資訊，這是完整型的長處。主動蒐集資料的用戶追求的資訊網站就是「可以在眾多的資訊中快速找到想要的資訊」。

這裡有一個需要注意的地方，就是網頁標題的訂法。特別是當過部落客的人在製作完整型內容時，有時會為每個網頁取很冗長的網頁標題。部落格需要在社群媒體上吸睛的標題，但是完整型內容裡更需要讓人一眼就知道文中有沒有他想要的資訊；如果主動找資料的用戶不知道這裡有沒有他需要的資訊，或是浪費時間開啟了與他目的不合的網頁都只會造成反效果。想要提升易用性（好用的程度）與可尋性（資訊好找的程度）就「不要讓用戶讀到多餘的內容」。

完整型內容也有缺點。一旦完成後，整個結構是封閉的，因此難以新增網頁或定期更新。無法更新就很少有機會可以藉機通知用戶文

※Mutually Exclusive and Collectively Exhaustive，由各個排他性的項目組合成的完整集合體，「無缺漏也無重複」。

章已經更新，管理員也很難對用戶宣傳，吸引他們回訪。

完整型內容與存量資訊

完整型內容與存量資訊的性質相當合拍，尤其適合有系統的知識內容。

這種內容可以分為兩種結構，依分類統整、各網頁資訊獨立的「樹狀結構」（參考頁98圖3-7），以及閱讀順序固定的「線性結構」。

資訊如辭典般經過整理，用戶可以快速取用自己想要的東西時適合前者，後者適合有故事性的讀物或課程資料。尤其如果你的網頁內容很入門，是寫給該怎麼提問都不知道的初學者，此時讓用戶自己去找資訊就很不友善，以線性結構指定閱讀順序應該會比較理想。

完整型內容與流量資訊

線性結構的完整型內容已經決定好閱讀順序、每一頁都承繼前網頁的內容，單獨刪除某一頁或大幅改寫都很困難，幾乎不可能採用非存量資訊的東西。

不過如果資訊是以網頁為單位各自獨立的結構，就算是完整型也可以採用流量資訊。這個時候要做的更新就不是新增網頁，而是改寫內容了。

不過手動更新資訊的經營成本很高，最好一開始在規劃如何經營網站時就要把更新頻率納入考量。若是疏於更新或錯誤資訊超過一定的量，可能會損害到網站整體的信賴度，所以可以考慮讓程式跑自動更新，或者把查資料的工作發包出去。

CHECK!

1. 完整型是設想完成狀態後製作的內容
2. 完整型與存量資訊的性質很合拍
3. 如果以完整型採用流量資訊，要謹慎擬定經營計畫

Chapter_1

Chapter_2

Chapter_3

Chapter_4

Chapter_5

Chapter_6

42 工具型內容

工具型內容著重的不是「讀物」，而是讓用戶「使用」這件事。在形式上沒有什麼特別的長處，可以與部落格型或完整型混搭在一起，對於資訊網站的穩定經營功不可沒，建議一定要使用。

可以混合完整型或部落格型

就算沒有特別的技術，只要有好點子也能做出用戶喜歡的工具型內容。

如果是用語集，只需要在用語的解說文章中貼上索引連結，如果是下載內容只需要在一個網頁中貼出很多下載連結。

而且工具型也未必與部落格型和完整型互斥，「部落格型×工具型」或「完整型×工具型」這種混合型態也很常見。書店裡不是只有小說或紀實等讀物，還有很多辭典、參考書等可以實際使用的實用書；同樣地，網路上的內容也不只有「讀物」，用戶也會需要「實用的內容」。

「完整型×工具型」的典型例子包括HTML或CSS的參考網站。

這類網站會把HTML的標籤分門別類在個別文章中解說，屬於很典型的樹狀結構完整型內容。用戶把網站當作辭典查詢標籤的使用方法，這也與「工具型」的名稱不謀而合。

「完整型×工具型」的資料庫比較簡易，對只經營過部落格的人來說也相對容易，想晉升資訊網站務必要挑戰這種類型。

Chapter_1

Chapter_2

Chapter_3

Chapter_4

Chapter_5

Chapter_6

▌圖5-8／「完整型×工具型」的典型例子

※事例：TAG index（https://www.tagindex.com/ 自1997年經營至今的HTML參考網站）

　　「部落格型×工具型」類的內容也許比較難以想像，可以想成是要邊瀏覽邊採取什麼行動，而不單單只是讀物而已。舉例來說，「電腦無法開機時如何處置」、「如何成功炒出粒粒分明的炒飯」這種一頁完結的實用類部落格文章就屬於這一類。不過要是內容屬於性質不穩定的部落格型，就很難晉升為後面所說的「可反覆使用內容」。

注意是否能「反覆使用」

　　網路上每天都有大量的內容誕生，以讀物為主的部落格網站很容易陷入「不持續更新就難以維持點閱數」的窘境。工具型內容中當然也有一次性的資訊，但是只要多用些技巧還是可以讓內容變成「可反覆多次使用」的東西。

　　比方說算命類工具，如果單純是算「匹配度」的話，算一次就結束了，因為沒有人需要一直去看相同的結果，可是如果改成「你和男

友今天的匹配度」呢？這樣就有理由每天反覆看了。而且如果是邏輯很明確的主題，只要寫好程式，就算沒有定期更新也能吸引回訪客，對網站管理員來說是很事半功倍的內容。

而且用戶通常都會很想把喜歡的工具分享給其他人，所以還可能會因為重度用戶的增加，隨著時間漸漸產生一傳十，十傳百的效果。

部落格型也可以在管理員通知用戶更新時吸引用戶回訪，只要能做出「可反覆使用」的工具型內容，你就算不更新網站，用戶也可能會自己反覆多次來造訪。觀察一些雖然幾乎沒什麼在更新卻依然大受支持的網站，就會發現很多這種「可反覆使用」的例子。

圖5-9的網站是可以從組合音或吉他指法搜尋出和弦名稱的工具型內容，雖然不需要更新或強化數據，但是網站的點閱數中的回訪客就占了將近60%。

▌圖5-9／「可反覆使用」的例子

※事例：逆引きギターコードブック（https://www.aki-f.com/revchord/）

Chapter_1

Chapter_2

Chapter_3

Chapter_4

Chapter_5

Chapter_6

適用於行動裝置的重要性

在規劃工具型內容時必須牢記「手機優先」這個概念。

根據調查，在日常生活中上網的情境中，「只有手機」是48%，「手機＋電腦」是38%，「只有電腦」只有5%（※）。

如今用戶已經不是在電腦前而是在手機的小畫面中上網了，倘若不要只以電腦網站為前提去思考，其實就能發現很多適用於戶外上網或移動中上網等情境的創意。可是行動裝置在操作特性上也有一些必須注意的地方。

一開始就以手機上網的前提來規劃

建議不要規劃了電腦用的內容再去移植，而是一開始就以手機上網的前提來規劃。要是不知道什麼東西比較好，從Apple或Google的APP商店應該可以找到很多靈感。

越快越好

下載型的原生APP是智慧型手機工具型內容的對手，雖然操作的簡便性實在很難比擬，但是顯示速度也絕對不能慢到讓用戶有怨言，要怎麼讓操作更簡便會是工具型內容的重大課題。

留心來自主畫面的流量

要讓用戶反覆使用工具型內容，就要讓他們把連結加入書籤。但是比起從瀏覽器開啟，手機用戶更習慣從主畫面點選圖示進入，要讓他們加入連結的難度又更高了。你可能會需要設計主畫面用的圖示，或者發送訊息提示讓用戶登錄到主畫面上。

※LINE的調查「網路使用情境定點調查（2018年上期）」
　（https://linecorp.com/ja/pr/news/ja/2018/2315）

題外話，PWA（Progressive Web Apps）是今後值得注意的一種技術。PWA兼取瀏覽器的網站與下載型的原生APP兩者的長處，如果能採用PWA，工具型內容就可以增加一些很不錯的功能，如利用快取技術的高速顯示、離線顯示、推播通知，Android手機中還可以自動顯示出「新增至主畫面」的橫幅通知。這還是個很新的技術，不知道會普及到什麼程度，不過可以先放在心上。

▌圖5-10／PWA（Progressive Web Apps）

PWA的下載通知	**一般的新增主畫面圖示**

適當的時機
在網頁下方
自動顯示

用戶點選後
才顯示

CHECK!

1. 工具型不是拿來讀，是拿來用的
2. 注意是否可「反覆使用」
3. 最好能適用於行動裝置

組合三種型態

Chapter_1

Chapter_2

Chapter_3

Chapter_4

Chapter_5

Chapter_6

讀到這一節，你應該會發現只要還是使用一般的部落格，就算是採用了專門主題也只能具備資訊網站部分的功能。本節會針對「只經營過部落格，不知道該怎麼組合這三種呈現方式」的人舉例說明該如何以比較容易執行的方法架設簡易資料庫型的資訊網站。

優質的資訊網站要有「廣度」、「深度」和「速度」

想要經營優質的資訊網站，不是只有資訊正確詳細就夠了，**這些資訊還必須兼具「廣度」、「深度」和「速度」，才能提升用戶的滿意度。**

這裡所說的資訊「廣度」指的是資訊量，不單是指廣泛蒐集資料而已。重點在於要能讓人預測「這裡有我要的資訊」，而且不能只有廣度，要平均而廣泛地網羅各種資訊。

「深度」是要提升主題的專業性，「速度」則是要加快即時提供資訊的反應。要同時達到這三個標準實在不容易，不過只要善加組合三種呈現方式就能更接近最理想的資訊網站。

接下來就假設要規劃一個「京都神社佛寺介紹」的網站，想想看要做成什麼樣的結構才會是滿意度高的資訊網站。

先從資料庫開始建立

並不是需要有寫程式相關知識那種很專業的資料庫，這裡指比較簡單一些，是種「容易查詢、容易比對的內容」，如商品型錄或圖鑑

一般使用樹狀結構，將數據分類、加上索引並統一文章內小標。

假設這個資料庫的範圍是「京都」，預設採用網羅各種神社佛寺的完整型，而且功能不是單純的讀物，是重視實用性的「完整型×工具型」。

請見圖5-11。先建立網站內的一個母分類，在這分類底下做出樹狀結構的資料庫，最小網頁單位（個別網頁）是一間間神社佛寺的資訊。

個別網頁中不需要任何主觀的感想或吸睛的網頁標題，只要有「清水寺」、「平安神宮」這種寺社的名稱就夠了。內容單純只由寺社的沿革、看點、地點、開關門時間、聯絡方式等客觀的資訊組成。

個別網頁的格式都統一，也統一各個網頁的小標，資料的分類方式最好能符合一般認知（用戶容易想到的分類），在這個例子中用「地區」來分就不錯。也可以換幾個角度採取數種分類法，或者可以同時使用分類標籤。

決定分類方法和各網頁的小標之後，先根據分類建立子分類，並新增幾個個別網頁。這些都是客觀資訊，所以未必要是一手資料，可以從網路或書籍得到的資訊來編寫。如果是用WordPress建的，可以先統整成Excel一覽的形式，再用外掛一口氣匯入CSV資料。

從頭讀到這裡的認真讀者一定會這樣想：「量產內容這麼少的網頁，在搜尋中也無法得到高排名。」

是的，也許是這樣沒錯，不過這樣就好。

建立資料庫最大的目的，是提升網站內的可尋性（資訊好找的程度），不必過於在意到底有多少外部的用戶（不過從結果來說來自搜尋的人會比較多）。

而且無論需求大小都保持一定的資訊密度也算是一種「廣度」。用戶會以比例的方式（一個網頁的資訊量×頁面量）推測網站的資訊量，要是網頁的統整有規則而且格式統一，推測起來就更容易。所謂

Chapter_1
Chapter_2
Chapter_3
Chapter_4
Chapter_5
Chapter_6

▌圖5-11／資料庫的分類

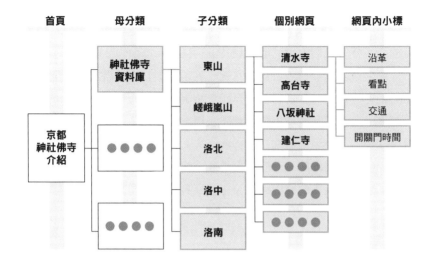

的雜記部落格，無論字數或頁數再多都很難讓人覺得資訊豐富，就是因為沒有這種規則和格式的統一。

遊記類內容要另立一類

可是純然客觀的資料庫等同於隨處可得的資訊，難以讓用戶產生共鳴。因此可以另外建立一個母分類，準備不同於資料庫的一手資料遊記，也就是部落格型內容（圖5-12）。

為什麼遊記要另立一類呢？

遊記這種東西的時間是一個很重要的資訊，有「時間」的遊記就可能具有流量資訊的性質。如果不另立一類，就算基本資訊是存量資訊，只要遊記是流量資訊，就可能讓人覺得整個網頁都是流量資訊。

春天賞花和秋天賞楓既然是截然不同的活動，遊記的價值也會隨著時期而產生變化，將賞櫻季節、楓葉、新年參拜都當作遊記統整在一頁實在過於粗糙，與其統統塞在同一頁，不如在資料庫的個別網頁

中貼上彼此的內部連結，**讓用戶自己選擇需要的資訊，這樣做會比較合理**。

資料庫會提供基本的資訊，而遊記的目的是能夠更精準地打中用戶的心，提升他們對網站的信賴（圖5-13）。

獨立成不同網頁，各篇文章就能表現得更自由，遊記才是展現文筆的地方。採用一手資料就能寫出市售導覽書中沒有的資訊，表現出「深度」，而即時新增相關活動能表現出「速度」。網頁標題要用到搜尋關鍵字，積極招攬來自搜尋網站與社群媒體等外部的用戶。文章可以完完全全地主觀，遊記內不需要有客觀的基本資訊，只要貼上內部連結連到資料庫的個別網頁，每個網頁就能各司其職。

▌圖5-12／遊記類內容另立一類

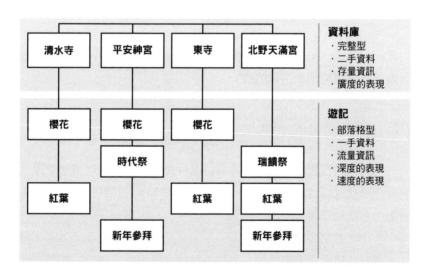

▍圖5-13／獨立成不同的網頁，各篇文章就能更自由地表現

個別網頁的例子

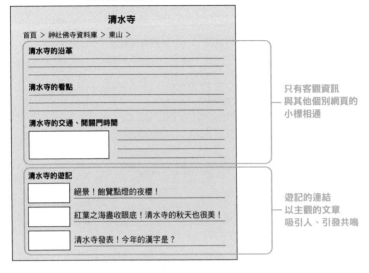

清水寺

首頁 ＞ 神社佛寺資料庫 ＞ 東山 ＞

清水寺的沿革

清水寺的看點

清水寺的交通、開關門時間

只有客觀資訊
與其他個別網頁的
小標相通

清水寺的遊記

絕景！飽覽點燈的夜櫻！

紅葉之海盡收眼底！清水寺的秋天也很美！

清水寺發表！今年的漢字是？

遊記的連結
以主觀的文章
吸引人、引發共鳴

以統整內容做橫向串連

　　準備好資料庫與一定量的遊記之後，要再新增一個母分類進行統整。假設資料庫的個別網頁與遊記是直向的關係，統整內容就可以把數個網頁做橫向串連，創造出新的價值；這也要以不斷新增網頁為前提，所以是部落格型。

　　如果想要提供季節限定的即時話題，只要再次利用原有的內容就可以快速提供，因此很適合用來展現「速度」。

　　或者也不必硬要引用網站內文章，以「參拜神社的正確方式」或「淨土宗與淨土真宗的差異」這種單篇的存量資訊，或是相關領域的新聞報導也可以；這種文章也可能會吸引來自搜尋網站或社群媒體的用戶，因此建議選用能夠吸引人、讓人立刻想點擊的標題。

　　統整文章與資料庫正好相反，統整文章著重吸引外部用戶的入口功能，因此能夠引起人多少興趣會是最大的關鍵。如上所述，**明確區分每種網頁內容的功能是建立資訊網站的重要策略。**

■圖5-14／以統整內容做數個網頁的橫向串連

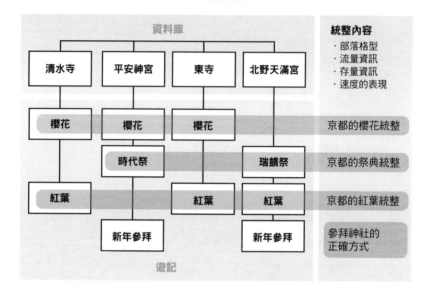

首頁的功能

用戶希望透過首頁達成的目的大致可以分成三種：

· **了解網站理念與全貌**
· **找到目標網頁**
· **確認新消息**

資訊網站的首頁最好要能具備這三個功能。經營資訊網站最理想的情況就是用戶將你的首頁加入書籤，自行反覆來造訪。首頁具備良好的導航功能，他們才會覺得「存下這一頁很方便」。

採用流量資訊的部落格型要以新消息為優先，完整型則要有技巧地加強首頁通往各階層的連結，讓用戶能在最快的方式抵達目標的網頁（圖5-15）。

資訊網站在這些地方就與單純採用專一主題的部落格不同，設計時要著重在易用性（好用的程度）與可尋性（資訊好找的程度）上。

如果「資料庫（完整型×工具型）」、「遊記（部落格型）」、「統整（部落格型）」的分類明確，也可以照資訊的性質使用不同的呈現方式，這樣的資訊網站不管對被動引起興趣的用戶，或是主動找資料的用戶來說都會很好操作。

▌圖5-15／首頁的設計法

Chapter_1

Chapter_2

Chapter_3

Chapter_4

Chapter_5

Chapter_6

這裡介紹的結構當然未必就是最好的，而且也未必要將部落格型、完整型與工具型全數都用上。你可以簡化成輕巧的迷你網站，或者如果你的出發點就是不要費心做內容強化，在企劃階段就可以刪去部落格型；又如果是要選IT這種資訊日新月異的領域，也可以完全不採用完整型。

　　重點就是要按照內容性質使用不同呈現方式，並且配合用戶的目的規劃好導航的路線，讓用戶能以**更快、更正確的方式抵達目標資訊，這才是設計資訊網站的真正目的。**

　　本節是參考圖5-16的資訊網站提出這種綜合結構的例子。他們將簡單的店家資料庫與管理者親自造訪的心得分成不同網頁，兼顧了用戶的便利性與信賴，這在以小眾主題權威化的資訊網站中是相當優秀的例子。

▎圖5-16／以小眾主題權威化的資訊網站

事例：東京ビアガーデン情報館（https://tokyobeergarden.com/）

CHECK!

1. 注意「廣度」、「深度」與「速度」，組合三種呈現型態
2. 不同的資訊性質要採用不同的呈現方式
3. 首頁要具備導航起點的功能

Chapter_1

Chapter_2

Chapter_3

Chapter_4

Chapter_5

Chapter_6

競爭策略的概念

如果你只是製作了你想做的內容，別說是權威網站了，用戶可能連看都沒看到。想經營出對用戶來說更有價值的網站，就不能避而不談所謂的競爭者。

應用「弱者的戰略」蘭徹斯特法則

「蘭徹斯特法則」是一個知名的行銷理論。

這個法則是源自弗雷德里克・蘭徹斯特（英1868－1946）在第一次世界大戰構思的兩套軍事法則（蘭徹斯特法則）。在第二次世界大戰後也應用在商務的世界，從1970年代起這在日本就是個廣為人知的行銷學競爭策略理論了。蘭徹斯特法則是個應用範圍非常廣的理論，也可以套用在網站的競爭策略上。

蘭徹斯特法則中最廣為人知的是「弱者的戰略」，這原本是戰鬥力（兵力數×武器效率）低的軍隊對上戰鬥力高的軍隊時用的戰略，在行銷的世界裡代表與市占率高的競爭者抗衡的方法。

網站經營中，市場規模和市占率的概念本來就很薄弱，所以可以想成是你要與網站大小（資本）、技術能力、搜尋排名、經營年資等綜合能力優於自己的對手競爭時使用的策略。

在蘭徹斯特法則中，弱者要對戰強者可以採用區域戰、近身戰、第一強主義、單點集中主義、差異化這五種兵法。套用到網站中就如圖5-17所示，我們就先記著這些方法，思考看看資訊網站的弱者戰略是什麼。

圖5-17／蘭徹斯特法則的概要

區域戰	鎖定主題
近身戰	重視易用性
第一強主義	選定一個對手或目標，在能贏的地方贏下來
單點集中主義	不要分散力量，先製作一個所向無敵的內容
差異化	以創意和切入點取勝

從大的市場鎖定主題

選擇主題是建立新的資訊網站最重要的課題。在長年經營又大規模的對手網站萬頭攢動的地方，要是冒然闖進去絕對不會有勝算；可是就算為了避免競爭而限縮主題，也可能會造成沒有人要造訪網站的結果。

假設你要建立學小提琴的網站，這個領域的對手很少，只要好好做要得到高排名也許不是很困難。但是日本的小提琴演奏人口據說只有10萬人，即便這10萬人每個月都造訪網站一次，月點閱數也就只有10萬而已，實際上要達到這個數字都很困難。

但是如果換成吉他，日本的吉他演奏人口據說有650萬人，既然市場很大，想當然對手網站一定也很多，規劃單純的吉他入門網站可能也很難被人看到吧？不過如果是「吉他的保養法」這種比較限定的利基主題網站呢？

在650萬人的市場想要吸引每月10萬的點閱數，只要有1.5%人每月回訪一次就可以達成了；要吸引一樣多的點閱數，當然是基數大、市占率低的主題會比較簡單。如果目標是達到一定的點閱數，選吉他保養應該會比小提琴課程實際得多吧。

如果想讓市占率成長100%以上，就只能開拓新的市場；如果市

占率是1～2%，一樣可以留在同個市場，只要稍微偏離原本的主題，或者以不同角度切入同個主題，光是這樣就讓點閱數倍增的情況也並不罕見。

即便是要鎖定主題，專攻需求少的小市場依然不太明智。行銷中所說的利基市場不單純是「小」的意思，而是「縫隙」的意思。要是沒了對手代表失去受眾，如此一來就沒有意義了，**應該要盡量在更大的市場，在可以應付的範圍內做出區隔，選定主題**。

鎖定主題與切入角度的關係

既然有對手網站的存在，光是靠鎖定主題進行差異化還不夠。在你千辛萬苦得到市占後要是有強力的對手加入，你就會立刻被迎頭趕上，此時需要有獨門的創意和切入角度才能打好強而有力的地基。

若鎖定主題是縱軸，切入角度就是橫軸了，縱橫交錯才能創造出更有獨創性的內容。

所以要用什麼切入角度比較好呢？

應該優先考慮的還是提升易用性。舉例來說，你漫無規劃就把「最詳細的網站」當作切入角度，結果每頁都變成過長的文章讓人迷失，這樣就本末倒置了。

網頁內容不是只能用文章呈現，還可以大量使用圖解，以更簡潔易懂的方式呈現；也可以採取漫畫的形式讓前後順序更清楚明瞭，或者如果要示範步驟的話除了用照片還可以用影片，這些也都算是切入角度。

此外，如果切入角度不只對用戶有利，還能加深對手進軍市場的難度就更加理想了。透過取材或訪問蒐集一手資料也是個很好的切入角度，畢竟光是呆坐在電腦前是無法取材的，訪問也需要有對象才能成立，無法一想到就立刻去實踐。要是網站給人「做起來有點麻煩」

Chapter_1

Chapter_2

Chapter_3

Chapter_4

Chapter_5

Chapter_6

▌圖5-18／鎖定主題與切入角度的關係

鎖定主題

獨家的切入角度　　　原創性

的印象，對手也會難以加入戰局。

　　如果你有三成的人知道的知識，以及三成的人會使用的簡易技術，兩者相乘就只有30%×30%＝9%，既然理論上罕見到十人中只有一人具備，這就是你可以鎖定的目標。所以建議鎖定主題時可以找出獨家創意與切入角度的交集，製作更有原創性的內容。

▌加強長處

　　弱者戰略的根本就是差異化，不過還有一點要記得的就是「加強長處」。

　　點閱數沒有成長可能是因為網站不符合用戶的需求，又或者競爭太激烈，與其在這種地方投注心力，不如先加強自己的長處（符合用戶需求、競爭不激烈的地方），這樣通常更能夠事半功倍。當結果不如預期或者情況不佳的時候，千萬不能分散兵力，如果能像圖5-19一樣將現況整理成四象限，繼續加強點閱數占絕對少數可是有所成長的地方，能贏的地方就努力贏下來，這樣比較有可能得到好的結果。

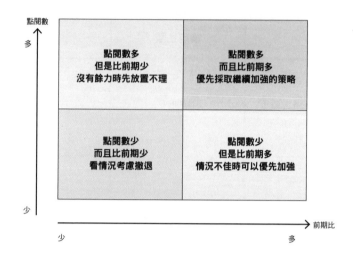

累積小的第一

目標如果是權威化，就不能想著只要贏過對方就好。不管範圍多小都無妨，一定要擁有在這個範圍內所向無敵的長處。

為什麼堅持要第一呢？

・日本第一高的山是富士山，那麼第二高的山呢？
・日本第一大的湖泊是琵琶湖，第二大的湖是？

這是從以前就被問到爛的問題，不過現在透過這些問題應該還是能讓人感受到第一與第二名的知名度差了多少。

而且從搜尋排名來看點擊率，也可以發現第一名和第二名之間的差距相當顯著。

第1名：21.12%
第2名：10.65%
第3名：7.57%

※引用自Announcing: 2017 Google Search Click Through Rate Study（Internet Marketing Ninjas Blog）https://www.internetmarketingninjas.com/blog/google/announcing-2017-click-rate-study/

　　雖說這並不是個以量取勝的時代，但是在網路世界裡是「贏家全拿」。如果不用什麼形式讓用戶知道你是第一，就很難增加曝光機會，也無法讓人「說到○○就想到這個網站」。

　　即便是利基市場也無妨，重點就是要製作所向無敵的網頁內容，再小都要做到第一，並且**慢慢累積起這些小小的第一，以更大的第一為目標**。

強者的戰略

　　有「弱者的戰略」就有「強者的戰略」。差異化是晚進軍市場時需要注意的重要概念。不過在稍微做出成績、有人緊追在後時，一定要知道如何應對才能長久存活。

　　行銷中的蘭徹斯特法則認定，能夠採用「強者的戰略」的只有市占率第一的人。市占率的概念在網路世界相當模糊，不過可以想成是「相對劣勢時的競爭對策」。

　　強者的戰略包括廣域戰、機率戰、遠距戰、全面作戰、誘敵戰術，每個都與弱者的戰略相對應，也就是將弱者採取的策略各個擊破，讓對方失去優勢。

Chapter_1

Chapter_2

Chapter_3

Chapter_4

Chapter_5

Chapter_6

以模仿戰包夾

模仿戰是當弱者打算用弱者的戰略與你競爭進行差異化時，你就如法炮製讓對方失去優勢。學會競爭者的所有優點，自己的網站又擁有對手的所有優點，想要做出差異化的弱者就追不上你了。

採取模仿戰必須注意兩件事。第一，只限用於與弱者競爭時，模仿實力更堅強的網站難保不會陷入消耗戰，想在這種情況下爭勝就會需要很多資源，結果變得非常沒有效率。因此當對上強者時要採取的還是只有差異化策略，如果實力差異不明顯的話，基本上也是採取弱者的戰略。

當你的優點是強者所沒有，卻是弱者所有的話，這個優點就是你的目標。發揮這個優點能提升自己網站的實力，也可以當作是與強者對戰前的準備工作。

另一個要注意的就是不能只學習競爭者的優點，要改良之後再採用。先別說複製貼上或抄襲有著作權上的疑慮，東施效顰本身也沒有什麼意義。

就改良的程度而言，如果是可以量化的東西的話，具體來說就是要以超過競爭者的1.3倍為目標。拉開這麼大的差距之後，用戶才能明顯看出你們不同，你就能居於優勢，如果能差到3倍以上的話就可以減弱競爭者的戰意，達到讓地位穩定的效果。

假設一個弱者的網站中有用語集，用語集的說明很簡明易懂，可是項目總共大概只有三十個，全部都統整在一個網頁中。假設你可以學會這個用語集，同等級的內容又可以增加到一百項，還能分門別類，嵌入更好查詢更有用的功能，這樣就很明顯已經超出模仿的範疇了，這時可以不必猶豫直接執行，應該說就算是為了用戶也該執行。

但是如果同樣的用語集你只能做出三十項的話呢？這個時候你可以把競爭者網站的連結貼在自己的網站中，讓用戶使用更方便。

Chapter_1

Chapter_2

Chapter_3

Chapter_4

Chapter_5

Chapter_6

建立對用戶有利的資訊文化圈

所謂的權威網站，一定會有別人貼上優質的反向連結，這是必要的條件，另一個必要的條件就是站內所連結的網站同樣該是優質的網頁內容。超連結就是用來讓資訊與資訊之間的移動更為簡單，用戶其實不會在乎到底是站內還是站外，如果一個網站中有些資訊難以全數網羅，用戶會很歡迎有外部連結來補足。

貼上對手網站的連結好像會白白流失難得造訪自己網站的用戶，乍看之下很荒唐；可是如果以自己網站的資訊為主，連結網站的資訊為輔，用戶一定會再回來，而且可能還會為了之後再次造訪而將網站加入書籤。

先透過連結建立對用戶有利的資訊文化圈，圈圈的核心則是自己的網站，自詡為「資訊樞紐」也是一個權威網站應有的器量。

策展網站光有網頁數，品質卻很低，實在令人無法苟同。不過如果你的網站是一個提供有意義資訊的樞紐網站，用戶的信賴終究也會投射到樞紐網站上。

找到自己的任務，精益求精

用到「戰略」這個詞好像會給人殺氣騰騰的感覺，不過網路世界的蘭徹斯特法則是「自行填補不足之處」、「有相同的東西就要做得更好」這種適者生存的法則。在網路的生態圈內，你只能找到自己的任務並且精益求精才有辦法長久生存下去。

網站的權威性終究是以「用戶認定的存在價值」為依歸，做SEO行銷時不能只著眼在提升個人品牌知名度，或者一心只在乎搜尋引擎的結果，長遠來看，**著眼在「如何成為用戶心中不可或缺的網站」**才是建立權威網站穩定地位的捷徑。

CHECK!

1. 面對強者要採取差異化策略
2. 面對弱者要打模仿戰
3. 找到自己在網路上的任務，精益求精

穩賺十年的
心法

在本章，我會提出一些建議，
包括核心概念、遭遇挫折時
應有的心態與解決法，
讓各位能在AdSense穩定獲利。

網站經營的風險管理

在AdSense以及聯盟行銷的事業中，風險最大的就是搜尋引擎的排名變化。如果收益的主要來源只有一個網站，Google演算法一改，點閱數就會大減，你的收益也會一口氣下滑，搞不好還會受到毀滅性的打擊。因此一定要透過各式各樣的方法減少風險，以防這種無法預測的情況發生。

不要將雞蛋全部放在能賺錢的網站裡

如果一小時後Google演算法產生劇烈變化，第一賺的網站全都被排除在搜尋圈之外，你還有辦法繼續經營網站嗎？你能重現至今努力累積的一切嗎？在現實中不可能建立出不受Google變化所影響的網站。

想要存活到十年以後，經營網站時就一定要注意避險。曾經大賺的聯盟行銷商會突然消失的其中一個原因，就是演算法突然改變而讓網站排名下滑，所有的收益轉瞬消失，造成金錢與精神面都一蹶不振。就算網站很賺錢，把雞蛋都放在同個籃子裡一樣很危險。

一帆風順的時候會自信滿滿覺得「發生一些小問題也沒事」，但是情況急轉直下時又立刻陷入負面思考，這都是人之常情。

解決方法只有一個，就是「居安思危」，不管做什麼生意這個道理都適用。即便有一個網站成功了也不能鬆懈，要接續著建立下一個，這是在讓AdSense收益穩定的重要關鍵。

我現在同時經營八個AdSense網站，換算下來大約每兩年就會新建一個。我常會被問：「經營八個網站有餘力更新嗎？」不過混合結構的網站排名通常會長期穩定，所以只要網站完成了幾乎都沒什麼更新的必要，也就是說網站數增加再多也不成問題。

在Chapter_3中已經說明過「如果毫無計畫地新增網站內容，使用類似關鍵字的文章會變多」。就算你自認沒有，Google也未必會這樣判斷。

如果你固守一個會賺錢的網站，就很容易會創造出好幾個相似的網頁內容，能夠得到高排名的卻只有一個。只要你有技術，確實也可以讓同樣關鍵字的數個網頁都顯示在搜尋結果中，不過演算法常常在變，要長期得到高排名是難上加難。

如果你想在同一網域中使用吸引點閱數的關鍵字寫好幾篇類似的文章，不如取得新網域新增文章，這樣才能避險。

無論如何，在成功之後切記不要固守一個網站，建議要橫向發展網站。

風險管理① 把受歡迎的分類獨立出來

有幾個方法可以做好風險管理，我建議的是同時建立兩個網站。

也許有人會覺得「光是經營一個網站就很辛苦了，怎麼可以做兩個」，但是其實山不轉路可以轉，將一個網站中受歡迎的分類獨立出來也是一種方法。

好比說現在要建立「釣魚」的網站，你可以建立一個「海釣」網站，並在另一個網域建立「河釣」的網站。

你可以在同一個網域底下建立「釣魚」的主題網站，海釣與河釣各建立一個統整頁（分類頁）。不過考量到排名變動之後，你的網站可能不會顯示在搜尋結果中，還是分成兩個網域比較明智。

用戶可能會覺得分隔在不同網站不太方便，這個時候你也可以在

Chapter_1
Chapter_2
Chapter_3
Chapter_4
Chapter_5
Chapter_6

各自的首頁上互貼連結當作姊妹站。

要是刻意貼入過多的連結不排除會被認為有違規之虞，引發「專人介入處理」。不過我個人認為，只要互貼連結的出發點是為了用戶，照理說就不是什麼大問題。

我只能依我的想像來解釋Google演算法，不過如果用戶有實際在網站之間移動，這些連結應該會被認為是有意義又優質的連結，畢竟用來操作排名的自貼連結幾乎不會有用戶真的進行移動。這些充其量是我的推測，我認為Google是依據用戶在網站之間的移動來判斷連結品質的。

我的網站中互貼連結超過十年了，目前完全沒受到任何負面影響。

橫向發展時要注意的是不要選用不受歡迎的主題，這在Chapter_1中也說明過了，因為這樣會事倍功半。

舉例來說你可以想像要是把「海釣」分成「釣鯛魚」與「釣鱸魚」會花很大的工夫，而且用戶數會一口氣大減，也可想像這麼做的效率其差無比。每個人的時間有限，選定主題時務必要考量到效率。

風險管理②同個主題放在不同網域中橫向發展

一聽到「建立新網站」你可能會以為是要換個主題做，不過其實同個主題也無妨，只要換個網域用類似的網站橫向發展就可以了。此時要注意的是你要**用近似的關鍵字或者改變網站的結構**，因為在演算法改變的時候，如出一轍的網站可能會同時受到影響。

在其他網域建立同主題網站最大的好處，就是自己的網站會獨占搜尋結果的前幾名。

若能獨占前三名就可以獲得七成以上的點閱數，對手也沒有攪局的餘地，這也許可說是最大的避險了。

有些人可能無法認同這個方法，要不要做就交給個人去判斷。

不過我個人認為獨占市場在一般的商場上是很常見的事，好或不好交

給用戶判斷就好，我們不必太在意。

　　舉例來說，除了AKB48這個團體之外還有很類似的SKE48與NMB48，而且製作人還是同一個，不過這些團體各有粉絲支持，沒有人因此心生不滿。手機銷售的市占率也一樣，iPhone的不同系列獨占了電信公司銷售的前幾名（根據行銷公司Gfk在2018年10月度的調查：http://www.gfkrt.com/japan/）。

　　總而言之，同一個主題建立多個網站不是問題，量產沒人支持的劣質網站才會有問題。

CHECK!

1. 就算網站賺錢也不能滿足現況
2. 受歡迎的分類可以獨立出來建立新的網站
3. 在新的網域用同一個主題獨占市場

Chapter_1

Chapter_2

Chapter_3

Chapter_4

Chapter_5

Chapter_6

強化網站的弱點，
吸引穩定的點閱數

有些主題的點閱數很不穩定，不過這種主題的網站在克服弱點後也有可能吸引到穩定的點閱數。舉例來說，出遊類網站與旅行類網站的點閱數在天氣差、平日或假日的起伏就非常劇烈。

建立網站要常有「反向思考」

前面已經說過選主題的時候要選點閱數穩定的，但是也許有些人擅長的主題本身點閱數就不太穩定。

如果要選點閱數不穩定的主題，就要思考**如何克服弱點，讓點閱數穩定**。要用什麼方法來克服網站的弱點呢？我就用剛剛提到的出遊網站來說明克服的方法。

如果天氣差時點閱數就會減少，就寫「雨天出遊」這類的統整內容；如果平日點閱數會減少，內容就寫平日限定的優惠活動統整，僅此而已。

舉其他的例子來說，假設現在要建立的網站主題是單板和雙板滑雪，這個主題的需求高峰當然就是冬天，冬天的點閱數也許很多，夏天的點閱數可想而知就將近是零。

乍看之下這種季節性的主題很難克服弱點，不過其實換個角度就能找到意外的答案。你知道夏天的滑雪場在做什麼嗎？休息中？沒有雪的時候確實無法玩單板和雙板滑雪，不過你知道很多滑雪場夏天會變成在草地上滑的滑草場嗎？只要建立滑草的網站就可以克服夏天這個弱點。

尖峰時期很限定的主題，或者點閱數容易受到季節影響的主題可以透過「反向思考」達到避險的效果。前面舉的例子由於主題相近，只要在同一網域中另立一個分類就可以了，不過如果是完全無關的主題就可以建立一個新的網站。比如說你建了單雙板滑雪的網站之後，就在另一個網域中建一個海水浴場的網站。

　　就是因為居安思危才會產生這種反向思考，懂得居安思危，在製作一個網頁內容時就會同時考慮到「避險」的對策，而避險是讓網站穩定不可或缺的概念。

CHECK!

1. 克服弱點，讓點閱數穩定
2. 用相反的主題建立網站，避開不同的尖峰時期

Chapter_1

Chapter_2

Chapter_3

Chapter_4

Chapter_5

Chapter_6

AdSense最大的敵人
是喜憂不定的自己

經營AdSense網站最大的敵人，就是為了點閱數與收益而喜憂不定的
自己。點閱數多時就衝勁十足，反過來少的時候就像洩氣的皮球⋯⋯
我前面也寫過很多次，網站內容的評價超過半年或是一年都沒有定論
也是很正常的，要是緊追著數字跑，好的時候步調快，壞的時候步調
就會立刻變慢，這樣不累嗎？

在網站完成前要全神貫注

經營AdSense網站像是在跑馬拉松，如果能緊盯著終點就可以好
整以暇地不斷新增文章，連周圍的雜音都聽不見。終點明確的時候就
會很清楚自己該做什麼，沒什麼特別的法門。

如果你採用本書介紹的方法，在起跑的時候就已經確定終點在哪
裡了，在網站完成前最好能全神貫注到連喜憂不定的閒工夫都沒有。

以賺錢為目標會讓網站走偏

比起吸引很多的點閱數，聯盟行銷更需要的反而是轉換數多的網
頁。這一點並沒有錯，既然不需要很多點閱數，就可以付出少少的成
本與勞力，萬一受到什麼變化的影響，只要重新建立一個新的網站就
好了。但是AdSense網站的點閱數不增加，收益就絕對不會增加，這
也是要保持動力最大的阻礙。可是倘若一心只為了一時的龐大點閱數
與金錢，網站的方向就會走偏，結果就變成一個徒有形式沒有內涵的
網站。

我前面也說過很多次了，只要你的網站內容是可以累積的，就算一時半刻沒有收穫也完全不成問題。不管再小，只要用正確的方法積少成多，就會帶來超乎你想像的豐碩成果。

文章中會流露出你的心理狀態

　　要是網站幾乎沒有點閱數、收益也完全沒起色的狀態持續個半年一年，動力一定會消磨，我在建立新網站時也總是會這樣，所以我很理解這種心情。

　　網站剛建立的時候幾乎不會有任何點閱數，但是每個人都是從這裡開始的。

　　你可以想像一下騎腳踏車的情景，剛踩踏板的時候需要很大的力量，速度也很慢；但是一騎出去有速度之後就可以順順利利輕鬆前進了，網站經營也是同樣的道理。

　　就算沒有即時的成果，也不要忘記你的網站是為了螢幕前的用戶所建立的，即便要花很多時間，只要是用心的網站總有一天會被用戶與Google肯定，不要太在意成果，先一鼓作氣寫文章吧。

　　在鍥而不捨不斷新增文章的過程中，一個人，一個人變成兩個人，人數雖少，但是用戶總有一天一定會來的。

　　會因為小小的成功感到喜悅的人特別適合用AdSense。你要相信就算成功很微小，成果還是會隨著時間逐漸累積，讓你得到更大的成果，然後繼續往前走。

　　語言和文章都隱含了人的心情，煩惱時寫的文章常常會不知不覺流露出讓用戶不安的內容或表現方式。比如說心情好時就用「一定要○○！」這種正面的表現，心情不好時就用了「只能○○」等負面的表現。

　　這種細微的文字表現會流露出寫手的精神狀態，而且會給人截然不同的印象。

文章中會流露出人的精神狀態，把錢或者點閱數當作動力來源很容易讓自己情緒不穩定，還會在你的文章中表現出來，所以一定要特別留意。

CHECK!

1. 不要短視近利
2. 在意結果就寫不出好文章
3. 心如止水新增文章，不要在意結果

_hapter_6

Chapter_1

Chapter_2

Chapter_3

Chapter_4

Chapter_5

Chapter_6

如何面對挫折？

在沒有任何成就之前，你可能會先心力交瘁無數次，或者心生迷惘。
當陷入迷惘的時候，不如回想「建立網站的初衷」，回到原點吧。

只有一人造訪也值得開心

「有這種網站就方便多了」、「這種網站可以為很多人派上用場」……你能不能明確看到網站完成後用戶喜悅的表情呢？一味追求眼前的數字是做不出優質網站的，雖然數字沒有立刻增加，只要你的網站是為了螢幕前的用戶而建立，即便需要一些時間，網站一定還是會得到用戶與Google的肯定，不必擔心。

網站架設者的意念會流露在文章之中……如果你在建立網站和寫文章時是全心全意為用戶著想，這樣的意念越真誠越強烈，讀者就會越被打動。

經營非自我本位、站在用戶角度的網站就代表要有以下的想法：

✖ **為了獲得收益增加網頁數**
〇 **增加這個網頁用戶會更方便**

✖ **用些有質感的版面設計就能賣**
〇 **換成用戶比較好用（易用性高）的版面設計**

結果要是不如預期，有可能是因為努力的方向錯了。想賺錢發財並不是什麼壞事，可是網站應該是因為能夠派上用場或貢獻社會而得到用戶的肯定，最後才得到收益。

261

你知道「言靈」這個詞嗎？語言和文章中隱含著寫手的心，無論好壞都會有股吸引人的力量。

作者的心情會流露在文章中，所以你寫文章時是什麼心情就會特別重要。**你寫文章是為了看到人們喜悅的表情？為了賺錢？這些想法都會在你寫的文章表現出來。**

剛建立網站的時候，有時候一天也許只會有一個用戶造訪，在這種時候，你還有辦法秉持著「就算只有一個人來也好」的心情拚命寫文章嗎？

如果你為此感到開心的話，接下來應該也能寫出好文章，這樣的文章累積下來就會是相當豐碩的成果。

不要與別人比較

參加課程聽了其他人的成功經驗，都會覺得對方輕輕鬆鬆就做出了好成績，於是很多人就會因此懷疑「我的方法對嗎」、「沿用現在的方法能夠成功嗎」，開始對自己在做的事感到不安。

聯盟行銷與部落客界的部分成功人士常常會說「我做了這麼多努力」或「我廢寢忘食」這類的話，實在很容易讓人感到焦慮。他們確實都很努力沒有錯，但是他們都有好好睡覺，也有在玩。

績效沒有起色的人聽到「努力」這個詞，可能會想像他們做了什麼很辛苦的事，但是其實也未必。舉例來說，職業運動選手會從自己的嘴巴說出「我很努力」嗎？越是一流的人越不會把「努力」掛在嘴邊，因為有所成就的人不會認為努力是努力；他們全神貫注到忘了什麼是辛苦或痛苦，當事人相信自己可以有所成，因此訓練不會是努力，而是一件快樂的事。「努力」應該是當事人回憶過去或者周遭的人會講的話吧。

重要的是「不要與別人比較」，你完全不需要把別人當作比較的標準，你能夠告訴自己「我一定沒問題，我可以」、「我一定會做出成績來」，堅信自己會成功嗎？這樣的心態相當重要，此時最重要的就是讓你堅持到最後的「決心」。

只要有決心，就算看到別人的不同做法，你也不會迷惘；不迷惘，也就不會動不動聽了別人的意見便三心二意。參加成功人士的課程也許可以得到點燃自己動力的燃料，可是千萬不要忘了，能不能真正付諸行動端看你自己的意念。

CHECK!

1. 經營網站是為了用戶，不是為了收益，應該要重視這樣的心態
2. 相信自己會成功，不要與別人比較
3. 只要下定決心堅持到底就不會迷惘

Chapter_1

Chapter_2

Chapter_3

Chapter_4

Chapter_5

Chapter_6

讓網站穩定發展的
基本概念

要如何才能建立吸引穩定點閱數的網站？建議你心中長存這個疑問，
時時豎起收發情報的天線。

時時豎起天線，接收自己想要的消息

你有沒有這樣的經驗？街上播放的曲子是你所喜歡的藝人作品，
然後你就聽到了。這是因為你一直很在意這個藝人，不認識這個藝人
的人就不會注意到這首歌。

消息也同理可證，**要是豎起天線接收自己想要的消息，你以前沒
接收到的消息就會接二連三來到你面前。**

我做聯盟行銷的副業很長一段時間了，與專業人士相比我可以投
入的時間少之又少，這種情形下我還是要有績效，於是我豎起天線蒐
集有效利用時間、有效賺錢的消息。

我一直抱著這樣的想法經營網站超過十年了，終於也學會用少量
的網頁內容吸引大量點閱數的訣竅。如果我一心只貪圖在瞬間吸引大
量點閱數，結果一定不會是現在這樣。

你重視的是什麼，你製作的網站未來就會變成什麼模樣。

_hapter_6

Chapter_1

Chapter_2

Chapter_3

Chapter_4

Chapter_5

Chapter_6

建立權威網站
帶來無限大的可能

如果最終能夠建立出吸引點閱數的權威網站，除了賺錢之外還會有各式各樣的可能產生。

用戶會看文章的作者是誰

一個網站最好只用一個主題的最大理由就是要提高專業性、取得用戶的信賴。

填塞各式各樣主題的網站就如同週刊雜誌一般。

相反地，只限一個主題、由專家（親身經驗者）寫出的文章總和就擁有專書或辭典一般的價值。

大部分的週刊雜誌讀完就會被丟掉，而專書或辭典則會小心翼翼收藏在書架上，我真的覺得兩者的差異有天壤之別。

有些網路用戶在查資料的時候也會看管理員的簡介，到底是什麼樣的人寫的？這些消息的根據（出處）是什麼？很多人會這樣驗證是因為他們隱約知道網路資訊的可信度低，假消息又不可勝數。

也就是說作者資訊和文章依據，會是他們判斷文章是否優質的一個標準。

可想而知沒有用戶會想被無憑無據的資訊騙得團團轉，這樣非常浪費時間，空口說白話、主觀意識濃厚的文章不但無法得到任何人的信賴，倘若用戶認定這是個八卦部落格，隨著時間過去，看的人也會越來越少。

你要明白自己的網站其實會對很多人造成影響，所以最好能公布有根據又正確的資訊。

建立特定用戶群會聚集的網絡

擁有吸引點閱數的網站就等於是擁有了一個巨大的網絡，把「網絡」講成粉絲俱樂部也許會比較好懂。權威網站只限縮到一個主題，專業性又高，很容易形成一個特定用戶群會聚集的網絡。

假設網站內有讀物類的內容，你又配合主題介紹相關商品，或許還可以兼做績效型的聯盟行銷事業，若是一切順利，販賣主題相關商品或服務的公司還可能會來買廣告欄位。

而且**要是你成了公認該領域的專家還可以從事線下的事業獲得收益**，你可以召集用戶舉辦課程和工作坊，還有可能上電視、廣播，或者進軍雜誌和書籍出版業。

擁有網絡就等於擁有無限的可能性，要怎麼使用這個網絡，操之在你。

CHECK!

1. 對公布的資訊負責
2. 擁有網絡就擁有無限的可能性

結語

感謝各位讀到了這裡。

這本書是寫給想要從AdSense網站經營初級班畢業，或者想要升上中級班以上的人，不過也許也有讀者是初來乍到，有些內容對初學者來說可能很困難。

要出版這本書的時候，我們幾個作者齊聚一堂討論「要寫什麼樣的內容」，有一些意見我們都有志一同，其中一個是「寫一本十年後依然受用的實用書」。過去已經出版過好幾本有關AdSense的工具書，但是每一本都是出版了就消失在市場上。本書也說過「類似的網頁內容不求多，要當唯一而不是第一」的概念，如果想以誰都寫得出來的內容取勝，就一定會輸給晚出版的書。

要是一本標榜教你存活超過十年的工具書才過幾年就消失不見，不管內容再精彩都不會有說服力；所以我們把「希望十年後這本書還留在讀者手邊」的期許寄託在這本書中。

另一個在討論中有志一同的意見是「寫出只有我們寫得出來的內容」。我們這次是以共同作者的方式出版，不過其實照理說我們可以各自單獨出版，但是這樣的書一定會很膚淺愚昧；我們有自信，讓四個在不同領域各有一片天的人合著就能寫出舉世無雙的書。

寫完這本書後，我突然想到我們四人的相遇也許不是偶然而是必然。我在日本聯盟行銷協議會（JAO）的課程上認識了寫Chapter_5的a-ki與染谷編輯，在染谷編輯的邀約下我參加了AdSense課程，並認識了寫Chapter_4的石田先生，如果我們沒有相遇，這本書應該也不會問世了。

本書除了解說讓AdSense網站穩定成長的方法，也談了許多經營網站過程中常見的煩惱或疑問以及解決的方法，即便有些內容現在無法理解，在你進入下一個階段重新讀過之後，一定會得出不同於現在的答案。無論經營網站多少年都會有新的發現，所以做起來才有趣。

　　我很喜歡一句話：「與其當花，不如當讓花盛開的土壤。」這句話出自《轉念》（心が変われば，暫譯），作者是前任美國職棒大聯盟選手松井秀喜在他母校星稜高中的恩師山下智茂教練。我現在能在這裡也是多虧了許多人的支持，相信本書會成為許多人的土壤。

　　謝謝日本實業出版社的各位給我們出書的機會，也由衷感謝讓我們在書中介紹的各個網站與購買本書的讀者。

Nonkura （早川 修）

Nonkura（早川修　Hayakawa Osamu）

1973年8月5日滋賀縣出生。從聯盟行銷黎明時期2003年開始經營網站，收益六成以上來自AdSense，是所謂的AdSense獲益者的先驅。榮獲日本聯盟行銷協議會（JAO）「聯盟行銷Valuable Player2016聯盟行銷商部門」獎。除了聯盟行銷也擔任企業與個人的網站製作&顧問、企業APP數據開發管理顧問等，在IT業的諸多領域大展伸手。舉辦過網站製作、收益化相關的工作坊，也在聯盟行銷平台主辦的課程中擔任過講師。

a-ki

從2000年左右起在本業之餘開始經營自己有興趣的吉他主題網站，這個網站已經是吉他主題中公認任何人都一定會看過一次的必訪網站，直到現在都還維持穩定的點閱數。對於一面倒向部落格的個人網站經營方法存疑，於是提倡「資訊網站的權威化」，希望能把個人的知識推廣出去。

石田健介（Ishida Kensuke）

2004年進入雅虎工作，在購物事業部門從事廣告商網路廣告的企畫與運用業務的管理。2007年進入Google，在AdSense團隊執行提升廣告收益的諮詢。2015年離開Google自立門戶，目前傾全力在擔任網站、APP廣告收益提升的顧問，著有《Google Adsense專家教你靠廣告點擊率輕鬆賺：YouTuber、部落客都適用，60招獲利祕技大公開》。

染谷昌利（Someya Masatoshi）

1975年生，當了12年的上班族後，獨立出來從事網路行銷、收益化與聯盟行銷等網路廣告的專家。除了撰寫書籍、擔任企業與地方政府的顧問，也會舉辦演講活動。著有《靠部落格吃飯》、《世界第一簡單的聯盟行銷教科書一年級》、《Google AdSense的成功法則57》、《複業說明書》（以上皆為暫譯）等多部作品。

國家圖書館出版品預行編目資料

Google AdSense完全活用教本：選題X策略X穩定
　獲利打造權威網站 / 早川修等著；陳幼雯譯. -- 初
版. -- 臺北市：臺灣東販, 2019.12
　272面；14.8×21公分
　譯目：Google AdSenseマネタイズの教科書：
完全版
　ISBN 978-986-511-195-3(平裝)
　1.網路行銷 2.電子商務 3.網路廣告 4.網路社群

496　　　　　　　　　　　　108018594

Google AdSense MONETIZE NO KYOUKASHO KANZENBAN
© Nonkura / a-ki / Kensuke Ishida / Masatoshi Someya 2018
Originally published in Japan in 2018 by NIPPON JITSUGYO PUBLISHING Co., Ltd.,
Chinese translation rights arranged through TOHAN CORPORATION, TOKYO.

Google AdSense完全活用教本
選題×策略×穩定獲利打造權威網站

2019年12月1日初版第一刷發行

作　　　者　Nonkura（早川修）、a-ki、石田健介、染谷昌利
譯　　　者　陳幼雯
編　　　輯　曾羽辰
特約美編　鄭佳容
發 行 人　南部裕
發 行 所　台灣東販股份有限公司
　　　　　＜地址＞台北市南京東路4段130號2F-1
　　　　　＜電話＞(02) 2577-8878
　　　　　＜傳真＞(02) 2577-8896
　　　　　＜網址＞http://www.tohan.com.tw
郵撥帳號　1405049-4
法律顧問　蕭雄淋律師
總 經 銷　聯合發行股份有限公司
　　　　　＜電話＞(02) 2917-8022